大是文化

銷售冠軍

是如何鍊成的

唯一敢和馬雲對賭，**阿里巴巴銷售狂人**賀學友首度傳授，阿里鐵軍的銷售密技。

阿里巴巴全球銷售冠軍、阿里鐵軍靈魂人物
賀學友 著

CONTENTS

CONTENTS

推薦序一

你不一定要成為銷售冠軍，但要了解銷售冠軍的思維

B2B業務專家／吳育宏

二〇二〇年我受邀到阿里巴巴在臺灣舉辦的三天兩夜訓練營隊（橙功營），講授B2B客戶的經營管理方法。由於參加的學員大都是企業負責人或行銷業務主管，他們都有很強的學習動機，席間的討論氣氛非常熱烈。

這幾年我輔導各種產業與公司最大的心得是，業務部門是公司的火車頭，而火車頭上的「掌舵者」對事業有沒有足夠的熱情，深深影響一家公司的經營績效。因此不論總經理的專業背景是業務、研發、財務、生產或人力資源管理，我都會推薦他們翻閱銷售相關的書籍。經營者很可能沒有空去參與業務日常活動，但是他們至少要懂業務人員的語言，了解他們與客戶互動的方式，我認為對經營策略的擬定都很有幫助。因為，企業的每一位員工、每一項活動，都是為了客戶而存在的。

然而，要找到好的銷售書籍卻不是容易的事。因為好的球員（明星業務員）不一定是

好的教練，而好的教練也不一定能把經驗有條理的寫出來。我寫了幾本Ｂ２Ｂ業務的書，選書和看書也變得挑剔，畢竟職場工作者自修的時間與精力都很有限，因此讀過《銷售冠軍是如何鍊成的》後，我很樂意向讀者推薦本書，理由有二：

第一，作者是阿里巴巴頂尖的業務主管，他的成功經驗以電子商務為背景，是現在的主流產業。如果你正在開拓電子商務市場，那麼此書的場景一定讓你非常有感；假設你從事的不是電子商務相關工作，網路購物也已經成為你我生活的一部分，此書的案例很容易快速理解。

第二，本書沒有太多高來高往的理論，而是以實戰的技巧為主。商業教育訓練與學習的成敗關鍵，在於能否應用與實踐，作者透過各種實務案例，把我們拉到業務開發的第一現場，說明當下他的思維與做法。閱讀此書彷彿跟隨作者在市場前線開疆闢土，吸收他寶貴的心法。

你不一定要成為銷售冠軍，但了解銷售冠軍的思維，有助於掌握客戶的需求，進而透視商業的本質。誠摯推薦此書，它能協助你更理解自己在商場和職場的價值所在。

推薦序二

成功不一定能複製，但方法可以應用

超級業務、超業講師、行銷表達技術專家／解世博

二十八年前，我踏入銷售工作時，社會大眾對銷售工作大都充滿誤解，甚至還有人認為，銷售是那些找不到工作的人才去做的。但隨著各式商業服務興起，各行各業不但迫切需要銷售人才，對企業而言更認為「銷售業務能力」是一項專業職能。為了尋求優秀的銷售人才，企業祭出高薪並投入豐厚資源，因為企業要的不只是找人來銷售，而是尋求擅長銷售的人才。

這群銷售人才要能為公司開發市場（客戶）、贏得訂單，在充滿各式挑戰的銷售過程中，還必須達成業績任務。我常說銷售這份工作是「入門容易，想成頂尖卻難」，正如你看到的，踏入銷售領域的豪傑們，個個都是懷抱豪情壯志而來，卻大都懷憂喪志而去。是什麼造就了頂尖與一般的差異？我認為關鍵在於想要銷售勝出的你有沒有一套系統模式。

為什麼擁有一套系統模式很重要？因為銷售場上的成交絕非只靠運氣，更何況想成為

銷售冠軍的話，一定要有一套模式依循，正如我在各式銷售訓練場合裡提到「有模式才能不斷複製」。作者能在阿里巴巴B2B公司締造銷售冠軍紀錄，光是看這本書名為《銷售冠軍是如何鍊成的》，就引發我十足的好奇，銷售冠軍是如何開發客戶？如何能在初次見面的一小時內當場簽約？難怪連馬雲都佩服。

在讀完本書後，讓我由衷佩服的是作者將自身成功銷售經驗總結，並整理成為銷售寶典。書裡的每處章節，都能感受到百分百的銷售實戰。從開發客戶、準備完美的銷售簡報、初次見面就能贏得訂單的銷售演出，到簽約贏得訂單。這一連串的銷售行為，正是他成為銷售冠軍的系統模式。而且這套模式，絕對能讓你減少瞎摸索，加速成功。

除了看到銷售冠軍的系統模式之外，作者更將親身經驗化為條理步驟。而我將這些具體步驟與我本身二十八年銷售經驗結合，這些步驟方法全都是真材實料，能讓你檢視自我、修正方法，並能立即運用。當銷售環節有了具體步驟，完美的銷售展現就不再遙不可及，而是人人都能仿效學習。

我常提醒銷售業務夥伴們：「市場永遠在，被淘汰的只是你。」當銷售人有一套系統模式，同時還有步驟方法，相信每個人都能在銷售場上頭頂一片天。

推薦序三

挑戰頂尖，突破困境

南山人壽重隼通訊處處經理／薛皓元

任何一個龐大的事務，都有一個渺小的開端；再高大的千年神木，也是從小小的種子開始。你願意種下相信的種子，比滋養千年神木的雨水還重要，任何一件事都從「相信」開始。業務銷售是一門博大精深的學問，更是一種藝術，易懂難精，但精通後便能條條大路通羅馬。

我二十二歲進入了銷售領域，在南山人壽從業務員做起，立志打破公司紀錄，成為最年輕的處經理、成為頂尖的銷售高手。如同作者在內文中提到，跨進業務大門十分容易，但若想在這個行業做出成績、成為頂尖業務，卻並非易事。要想成為頂尖業務，除了要能夠「努力到無能為力，拚搏到感動自己」外，還需要擁有良好的心態，不畏失敗，因為自信是頂尖業務的基礎。因此，十七年來我不僅打破公司紀錄，在二十八歲成為最年輕處經理，並屢獲佳績，印證了作者所言。

「成功看得見，學習是關鍵」，每個行業有每個行業的祕訣，誰能掌握這個祕訣最高點，誰就能在這個行業成功。作家三毛說：「書讀多了，容顏自然改變，許多時候，自己可能以為許多看過的書籍都成了過往雲煙，不復記憶，其實它們仍是潛在的。在氣質裡，在談吐上，在胸襟的無涯，當然也可能顯露在生活和文字裡。」而作者賀學友是一位超級業務，將其銷售規律與技巧提煉和總結，幫助大家開啟銷售之門，簡化摸索時間，迅速通往成功捷徑，令人欽佩！

業務員本身自我管理的能力要強，一個懶散的人如果不強迫要求自己養成良好的工作習慣，是很難成功的。作者提到許多業務員之所以無法成為頂尖業務，正是敗在了「執行力」。在我多年的行銷經驗中，深知業務員是與時間賽跑的人，須訂定明確目標，按照計畫執行，並透過有效率的工作，以及動態調整策略，挑戰極限，如此，成功自然找上門。

閱讀書本，可增加人生閱歷，因為你無法經歷別人的故事，但你可以學習他們的經驗，找到可以直接模仿的對象。賀學友——阿里巴巴銷售冠軍紀錄保持者，將銷售技巧分門別類、深入淺出，帶領讀者全方面發展，實現人生價值，值得效法。

你明明有機會發光，卻擔心旁人異樣的眼光，業務初期誰不迷茫，有些事不值得抱怨，因為你知道它們遲早會變好。有些苦是每個業務員都會經歷的，能鼓勵你的只有自己，千萬不要忘了，當初鼓起「勇氣」挑戰的自己，因為這份禮物很難得，更要珍惜。既然選擇了，就認真做，成為真正的頂尖業務。

各界讚譽

阿里巴巴中供鐵軍[1]是業務中的頂級團隊，賀學友是當時核心人物之一，他將在阿里巴巴多年卓有成效的業務從業經驗，總結技巧策略、理論方法，圍繞業務員職業成長中的主要困惑和應對之道，深入淺出的闡述成為銷售冠軍必備的實戰能力和素質，對任何與此有關的人而言，都會有所裨益。

著名財經作家／吳曉波

這是一本現實版的銷售聖經，它真實的記錄了賀學友當年進階為阿里巴巴戰神級別業務員的成長歷程。唯有真實，才更值得拜讀。

淘寶大學前校長／陳慶探（花名步驚雲）

1 在阿里巴巴發展初期（內部人士稱「中供時期」），主要的營業收入是來自於「中國供應商」業務。而撐起這項業務的銷售團隊——中供鐵軍（又稱阿里鐵軍）在當時人均月收入不到八百元人民幣（約新臺幣三千四百元，人民幣與新臺幣的匯率大約一比四・二五）的年代，創下了五十億元人民幣的銷售奇蹟，奠定了阿里巴巴在B2B市場的地位。馬雲曾公開評價：「阿里巴巴旗下最剽悍，最具戰鬥力的銷售團隊，非中供鐵軍莫屬！」

賀學友老師身經百戰連續成為中供體系的銷售冠軍，一次成功是偶然，多次成功有方法。我們學習了賀老師的課程後，深深體會到「體系化的打法＋對自己的期許」是銷售成功的不二法門。本書展現了賀學友老師的銷售實戰智謀，蘊含著這位銷售「狂人」的獨特氣質，滲透著他對鑄鍊銷售冠軍事業的痴狂。

蒲惠智造CEO／王克飛

趣學車在二〇一八年陸續派了七位趣伙伴上賀學友老師的課，效果非常好。有兩位從普通業務成了區域銷售冠軍，一位因業績出眾成了城市負責人，就連剛剛從外資企業過來的HR，學習後都變得樂觀、踏實、有毅力、堅定勇猛有夢想，和銷售團隊打成一片，業務、組織兩手抓，兩手都很硬。感謝賀學友老師！

趣學車CEO／劉老木

賀學友是阿里巴巴B2B公司的傳奇銷售冠軍，用阿里的土話來講，他是一個「要性」極強之人，坦率而質樸，從不迴避關鍵問題。他在創立驛知行鐵軍商學院的同時，把自己的銷售實戰新法整理成冊，滿滿都是乾貨，值得所有業務從業者學習。

重讀創始人、《阿里局1》、《阿里局2》作者／和陽

前言

我是唯一敢跟馬雲對賭的阿里狂人

業務是一份充滿挑戰的工作。作為一個職業，它既能充分發揮從業者的個人才能，又能充分實現其個人價值。業務員可以從工作中不斷經受歷練，獲得更多的個人發展機遇，也可以從工作中不斷獲取能量，促進個人的全面發展，實現人生價值。

然而，如何在業務工作中掌握正確的技巧，成長為頂尖業務（Top Sales），卻是長久困惑廣大業務員的難題。很多人在其職業生涯中，只是作為一名普通的業務員，拿微薄的薪水，整日奔波在大街小巷，行走於高樓大廈之間，且終其整個職業生涯，都無法躋身那些身價百萬、輕鬆開展各式各樣業務的頂尖之列。

作為一名業務員，你可能時常會有這樣的困惑：

茫茫人海，不知自己所要尋找的客戶在哪裡。

說了一大堆話，客戶就是不買帳。

做了很多努力，客戶還是不肯簽約。

對客戶熱情有加，但他卻不理不睬，甚至轉身離開。

同樣的推銷方式，用於甲客戶順利簽單，用於乙客戶卻難以奏效。客戶心理抗拒，業績不能突破，銷售陷入困境……。

其中的原因何在？關鍵在於你沒有掌握頂尖業務的銷售規律，缺少銷售技巧！

從事業務這麼多年，我在這領域獲得過一些榮譽——我在進入阿里巴巴後的第二個月，就成為全國頂尖業務；曾帶領阿里墊底的銷售團隊實現月賺千萬；馬雲曾對我說，我很欽佩你（見第十八頁編按）……我也在實現並刷新著自己的財富、人生價值目標。

與此同時，我也看到越來越多加入業務領域的年輕朋友，因缺乏必要的理論素養，在這領域走了很多彎路，甚至頻繁的換工作。基於此，我覺得有必要總結自己多年來的工作經驗，給進入業務領域的朋友提供力所能及的幫助，幫助他們提升業績，推動公司銷售額的增長。

比方說，從一名頂尖業務、頂尖主管轉變成一名傳道解惑的老師，我希望能藉由我成功的銷售模式，幫助年輕人掌握年收百萬元的頂級銷售技能，為在銷售一線奮戰的業務員提供參考和借鑑。

還有，很多時候不是產品不好賣，只是沒有掌握銷售方法。想成為一名頂尖業務，把產品順利的賣出去，僅憑著對業務工作的熱情是不夠的，你還必須具備較高的銷售綜合素質，包括良好的心態和工作習慣，比普通業務高出十倍的工作效率，開發目標客戶、操刀頂尖銷售工具（Sales Kits）、高效拜訪客戶的能力，一流的談判技巧，並且懂得客戶分類和分解業績目標，運用「嘗試簽單一百遍」（完成銷售、與客戶簽約的有效技巧和方法，可理解為多次、不斷的嘗試簽單）進行客戶跟進和靈活簽單的技巧等。

這些能力和技巧都不是與生俱來的，必須透過學習和實踐，不斷的磨鍊和完善，才能獲得。實踐的磨鍊需要時間，對於每天都在和時間賽跑的業務員來說，其中的困難不言而喻，而學習和掌握頂尖業務的銷售規律和技巧，無疑是快速提高自己銷售能力和業績的一條捷徑。

頂尖業務的銷售規律和技巧，是我從紛繁複雜的銷售現象中用心觀察，並結合自己的銷售實踐，提煉和總結出來的。某種程度上說，我認為它是業務行業放之四海而皆準的金科玉律、是商業智慧的結晶、是照亮業務員職業之路的明燈、是開啟銷售之門的金鑰匙、是發掘財富寶藏的指南針。

本書透過通俗易懂的語言，分門別類、深入淺出的對這些銷售技巧做了縝密的分析和介紹，同時結合諸多生動有趣的銷售案例，闡述這些銷售技巧在現實銷售活動中的運用，讓你一看就懂、一學就會、一用就靈。

無論你是在業務行業摸爬滾打多年的老手，還是入行不久的新手；無論你是率領團隊、獨當一面的銷售經理，還是奮戰前沿的一線業務員；無論你銷售的是保險、房地產、證券、汽車還是其他產品和服務；無論你採用的是面對面銷售還是電話銷售……這些銷售技巧所包含的經驗和智慧，都能給你提供最為實用、最有價值的指導，讓你洞察種種商業行為背後的真相，撥開銷售工作中的迷霧，少走彎路、少受挫折，迅速找到通往成功的捷徑，從而成長為所在領域的頂尖業務。

如果你有志於成為一名頂尖業務，你可以把本書看成推動你成長、前進的助推器！今天，你認真研習，錘鍊技能，成竹在胸；明天，你利器在手，攻必克，戰必勝。

衷心希望我的這本書，能夠幫助你找到人生的突圍點。

編按：

二〇〇三年二月，在一場阿里巴巴誠信通部門舉行的年度聯歡會上，馬雲與賀學友打了一個賭。馬雲對賀學友說：「二〇〇三年要做三百六十五萬元人民幣，續簽率七八％。若兩個指標都做到，你可以提任何要求，我可以在任何城市請你吃飯；如果做不到，你就穿三角褲沿著西湖跑一圈，然後跳下去。」

在當時，阿里巴巴全國的頂尖業務才做了兩百二十萬元人民幣，賀學友雖然也有一百四十八萬元人民幣，但三百六十五萬元人民幣的賭約，仍相當於業績要成長二・五倍。然而到了二〇〇三年八月，賀學友的銷售額就突破了約定的金額，到年底業績更是達到了六百三十萬元人民幣，可惜的是續簽率沒達到七八％。

在實踐跳下西湖的承諾後，馬雲對賀學友說：「今天這個日子值得紀念，它已經成為阿里巴巴歷史上非常重要的事件……我非常欽佩賀學友。」

第一章

你跟頂尖業務只有一步之差

為什麼頂尖業務能月入數十萬元，普通業務卻只能勉強解決溫飽？兩者在行為模式上，又有何不同？

01 這裡是天堂，但也可能是地獄

業務是一個讓人充滿渴望和夢想的職業，這份工作同時存在機遇與挑戰。套用一句經典的電影臺詞就是：如果你愛他，讓他去做業務，因為那是天堂——門檻低、賺得多、見識廣、技術含量高；如果你恨他，讓他去做業務，因為那是地獄——體力透支、情感扭曲、老無所依。

踏進業務行業的大門十分容易，但若想在這個行業裡做出成績，成為頂尖業務，卻並非易事。要想成為頂尖業務，除了要能夠「努力到無能為力，拚搏到感動自己」外，還需要擁有良好的心態、不懼失敗、敢於奮鬥、行動果決。

當然，並不是說擁有良好心態的業務員，就一定能成為頂尖業務，但心態不好的業務員卻必定無法成為頂尖業務。

在工作中，許多業務總是存在一種誤解，認為這是是一份憑技巧取勝的工作，因而花費大量的精力，試圖提高銷售技巧。其實，對於業務而言，技巧只是一個方面，真正決定銷售業績的，還是心態。一個技巧嫻熟卻心態消極的業務員，註定無法取得優異的銷售成績；反之，一個技巧平平而心態積極的業務員，卻可以取得不俗的成績。換言之，心態才是決定銷售成敗的關鍵。

不同的心態，決定了不同的銷售結果。如果你想在銷售的世界裡縱橫馳騁，成為令人豔羨的頂尖業務，那麼從現在開始，你就應該拒絕消極情緒，擺正心態。要麼你去駕馭生命，要麼任由生命駕馭你。你的心態決定了誰是坐騎，誰是騎師。

那麼，成為頂尖業務需要什麼樣的心態？普通業務和頂尖業務在心態上面，又有何不同？

自信是成為頂尖業務的基礎

在激烈的市場競爭裡，一個有自信的業務才能不懼困難、勇於挑戰，才能突破重圍，獲得機遇；反之，一個缺乏自信的業務，即便巧舌如簧，也不一定能將東西賣出去。

在實際的銷售中，我看到許多業務，要麼懷揣太多的畏懼情緒，要麼過度自卑。他們總是思前顧後、畏手畏腳，擔心遭

表1-1 普通業務和頂尖業務在心態上的區別

普通業務	頂尖業務
沒自信。	非常有自信。
不樂觀。	樂觀主義。
誰都可以取代我。	舍我其誰。

到客戶的拒絕、產品賣不出去、業績太差；他們害怕業績做不好、害怕老闆批評、害怕被社會淘汰……。

可以說，**自卑感和畏懼情緒是阻礙我們建立自信、實現成功銷售的最大屏障**，它讓我們無法用一種超然的姿態，積極應對業務工作中所遇到的問題和困難，它讓我們飽嘗失敗。換言之，邁向頂尖業務的第一步便是拆除這道屏障，努力克服並澈底摒棄我們內心的自卑感和畏懼情緒。

世界上沒有賣不出去的產品，只有賣不出去產品的人。一名頂尖業務，一定懂得透過自信去使銷售真誠可靠，贏得客戶的信任。這種自信，需要在長期的學習中獲得，需要在實踐中不斷積累。

普通業務對公司的產品沒有自信，對於產品能為客戶帶來的價值存在疑問，會在心裡不自覺的問：「真的嗎？」遇到競爭對手產品比自己公司產品效果好時，會自我懷疑。這種心態對簽單毫無用處，更致命的是，客戶會明顯感受到業務的自信不足。

相反的，一個有自信的業務會以近乎瘋狂的狀態跟客戶交流，客戶自然而然的會被他帶動。這個時候，如果客戶提出反對意見：「你們的產品有這麼好嗎？你們提供的功能別人都有……。」

頂尖業務則會立刻表明：「你的需求非我們公司莫屬，競爭對手雖然有一、二、三同樣的功能，但是我們能解決四、五、六甚至更多的問題，我們能滿足你的需求，解決你的困惑。」

頂尖業務會把他對公司產品的了解、拜訪客戶的事前準備，以及對每個談判環節把控的自信都呈現給客戶。這些也就成了最後簽單成功的加分項。

所有的客戶都喜歡樂觀自信、積極向上的人。在談判時，如果客戶提出了三個反對意見，這一位業務答不上來，另一位業務不僅全部答出，還講了更多，你覺得客戶最終會和哪位簽單？

沒有客戶願意浪費時間在一個缺乏自信、充滿畏懼情緒，以及恐懼心理的業務身上，更別說購買他的產品。要想成為頂尖業務，必須做到對自己、公司的產品、未來，以及銷售過程中的每一個環節，都充滿自信。只有當我們相信自己能勝任業務的工作、賣出產品、應對銷售中的各項挑戰，我們才能讓他人對我們及產品產生信任，從而更容易將產品賣出去。

正如愛迪生曾經說過的：「自信是成功的第一祕訣。」自信是普通業務與頂尖業務的分界線，是引領我們戰勝自己、告別自卑的關鍵。要想成為頂尖業務，要想在銷售的世界無往不勝，就必須時刻相信自己、相信公司、相信產品，始終以高昂的鬥志、充沛的幹勁，迎接每一項銷售挑戰。

心態決定業績高低

除了自信，頂尖業務還必須擁有積極樂觀的心態。積極樂觀的心態能確保業務員即便在業績不理想時，仍然能懷揣巨大的工作熱情和必勝的信念；能夠保證業務員在經歷無數次的失敗之後，仍心懷希望，堅持到底，進而獲得理想的銷售業績。

從某種程度而言，是否擁有積極樂觀的心態，直接決定業務員的業績高低。比如，你為自己設定了一百萬元的銷售任務，快到月底時，你僅完成七十萬元；此時，如果你是一個積極的頂尖業務，你就會告訴自己，任務已經完成了一大半，決不能鬆懈，並在心底暗自為自己加油；反之，如果你是一個消極的普通業務，你就會覺得完成任務無望，從而抱有一種「盡人事、聽天命」的態度。

再如，面對強勢的競爭產品和客戶的質疑時，如果你是一個樂觀的頂尖業務，你會自信滿滿的認為：我的產品就是最好的。反之，如果你是一個消極的人，就會產生悲觀、絕望、沮喪、憂鬱、後悔、自責、怨天尤人等情緒。

擁有積極樂觀心態的頂尖業務，更容易接近客戶，取得客戶的信任。從本質來說，銷售其實就是傳遞信心和轉移信念。積極樂觀的人往往更善於發現工作和生活中的樂趣，更願意向別人敞開心扉，無論走到哪裡，都能成為「陽光使者」，所以具有更強大的傳播力、吸引力和影響力。換言之，一個樂觀的頂尖業務，能讓客戶在購買產品或服務時，除了享受到產品或服務本身帶來的利益外，還能獲得一種快樂的消費體驗，從而更願意敞開心扉。

擁有樂觀心態的頂尖業務，更容易戰勝挫折，發現事物積極的一面。試想一下，當你去拜訪客戶時，被客戶「請」了出來，你會怎麼想？

樂觀的頂尖業務會想：「沒關係，肯定還會有更好的客戶在等著我，這次失敗，說明我自己的溝通技巧還有待提高。」、「沒關係，失敗是成功之母，只要不放棄，訂單一定會是我的。這次之所以失敗了，不是我不行，可能是我的準備不夠充分、方法沒找對，回去後，我應該好好想一下，究竟是我的產品和服務缺乏競爭力，不能滿足客戶需求，還是我的方法和拜訪時間出了差錯。相信只要我改進一下，下次一定會做得更好。」

普通業務或許就會認為：「總是被人拒絕，說明我的產品真的沒有競爭力，也說明我確實不適合吃業務這碗飯。」、「完了，又失敗，這次又沒法向老闆交差了，不知道老闆會不會因此而開除我呀！要是被炒魷魚，就沒有經濟來源……唉，我怎麼這麼命苦！」

你瞧，這就是兩者的區別。當遭遇失敗和挫折時，擁有樂觀心態的人會心懷希望、重振旗鼓，客觀冷靜的分析失敗的原因，不斷提高銷售水準，並走向成功；消極的人則會悲觀失望，沉溺於強烈的挫敗感中無法自拔，離成功越來越遠。

舍我其誰，霸氣說服

《孟子·公孫丑下》裡有這樣一句話：「如欲平治天下，當今之世，舍我其誰也？」意思是說：如果想使天下太平，在當今這個世界上，除了我還有誰呢？這句話對於業務員同樣適用。

在現實的銷售中，許多業務員之所以畫地為牢，裹足不前，就是因為缺乏一顆「舍我其誰」的雄心。他們想為而不敢為，即便有再多的夢想，也不願付出努力去實現，硬生生將無限的潛能化為有限的成績。

許多時候，比起普通業務，頂尖業務不過是多了一種舍我其誰的霸氣和自信。比如，在面對客戶拿自己的產品和競爭產品做比較時，頂尖業務通常會以一種舍我其誰的心態，堅定不移的說服客戶：「我們的產品是最適合你的，我們的產品擁有一、二、三、四、五、六、七點優勢，我們的競爭產品雖然也具有一、二、三點特質，但一定不具有四、五、六、七點特質，所以，我們的產品是不可取代的。」當這樣自信的、充滿熱情的話語說出口後，客戶自然會受到感染，從而選擇購買你的產品。

相反的，普通業務則是一種「誰都可以取代我」的心態，認為競爭對手的產品很好，自己的產品確實有所缺陷。他們在受到客戶打擊時，雖然也會據理力爭，但在心理上會認為自己的產品確實不如競爭對手好。這樣一來，他們說出去的話勢必會顯得蒼白無力，無法讓客戶信服。

心態決定成敗。業務本身就是一個競爭激烈的行業，要想在這個行業裡突破重圍、脫穎而出，成為令人豔羨的頂尖者，更好的實現自己的人生價值，就一定要擁有良好的心態，做到無論在何種境況下，都能自信、樂觀的說：「舍我其誰！」

02 優秀是一種習慣，這是我的習慣

不管是在我的課堂上，還是在實際的銷售中，我常常聽到一些業務員抱怨：現在的業務不好做，我明明已經很努力了，卻還是業績平平。

比如我所熟悉的業務員小李，就是這樣一個人。據小李說，他每天早出晚歸，自己都被自己的努力感動了，業績卻始終不理想；而和他同組的另一位同事小黃，每個星期只見三次客戶，業績卻是自己的三倍。對此，小李十分迷茫，不知道原因為何。

其實，和小黃相比，小李的問題就出在工作習慣上。要想成為一名頂尖業務，除了勤奮，還要掌握一定的銷售技巧，更關鍵的是，要有良好的工作習慣。作為一種內在修養，習慣可以影響一個人的性格，更決定著一個業務員的銷售成敗。

「世界上最偉大的業務員」、連續十二年榮登《金氏世界紀錄》世界銷售冠軍寶座的喬．吉拉德（Joe Girard），是一名名副其實的頂尖業務。在他看來，與銷售商品相比，更重要的是銷售自己。而這個銷售自己的過程，比如銷售自己的人品、觀念等，都表現在我們平時的工作習慣中。

常言道：「優秀是一種習慣。」對於業務員而言，好的習慣可謂價值千金。一個普通業務養成了良好的工作習慣後，他的頂尖業務晉級之路就會更順暢。

那麼，普通業務和頂尖業務在工作習慣上究竟有哪些區別？要成為頂尖業務，你又必須養成什麼樣的工作習慣？

全力以赴，始終處於戰鬥狀態

如果說幸運是頂尖業務的謙辭，那麼「努力過了」就是普通業務的自我慰藉。

試想一下，你是否也有過這樣的經歷：每天早出晚歸，跑市場、見客戶，可是到了月底依然業績平平，於是你安慰自己，「努力過了，我不後悔」，並心安理得的接受自己的現狀。不去反思失敗的原因，更別提全力以赴，而你的業績，也一如既往得不到提升。

在如今這個走心的年代，似乎無論面對什麼困難或失敗，

⬇ 表1-2　普通業務和頂尖業務在工作習慣上的區別

普通業務	頂尖業務
努力過了，我不後悔。	全力以赴，始終處於戰鬥狀態。
差不多就可以了。	為了達成目標，努力到感動自己。
覺得自己在給別人打工。	為了自己的現在和未來打拚。

只要說一句「努力過了，我不後悔」，便能抵消因失敗而帶來的全部內疚。事實上，這句話並不代表你真的努力過了，反而是你自己變相的給「不努力」所找的完美藉口，是造成你和別人之間存在巨大差距的關鍵，也是你晉級為頂尖業務之路上的最大阻礙。

相較於找藉口來讓自己感到釋然，頂尖業務更願意反思自己：「為什麼我這麼努力，卻依然沒有成功？還有哪些地方可以改進？」

換言之，普通業務和頂尖業務對於「努力」的理解完全不同。前者所謂的努力，也許只是每天見客戶時得過且過，跑客戶累了就給自己找各式各樣的藉口，放鬆身心；而後者的努力，則是拿出了百倍的幹勁，全力以赴的追趕目標。正是這種對努力的不同理解，造就了普通業務和頂尖業務不同的業績和命運。

誠如清代文學家趙翼所言：「故凡可以得名者，必全力以赴，好為苟難，遂成風俗。」一個人要想成功，就必須把全部精力集中在一起，竭盡全力、想方設法去做好一件事。對於業務員而言，養成不遺餘力的習慣，保持全力以赴的狀態，是突破困難和阻礙、打開成功大門、登上頂尖業務寶座的關鍵。

我當初做業務員時，有一個月在接近月底時，我的業績約八十萬元，而位居第一名的業務當時的業績將近一百三十一萬元。看似勝負已定，其他的業務都放棄了爭第一名，因為差距太大，怎麼追都追不上。就在我想要放棄時，我的主管激勵了我：影響你的不是遠處的高山，而是腳底下的那粒沙子，不到最後一刻，千萬不能放棄！

我備受鼓舞，是啊，我不能放棄，我向來都是最優秀的！在月末的最後半天，我拿起電話簿，瘋狂打電話，看看有哪些客戶能在最後時刻簽單，結果就在最後時刻成交了兩個客戶，簽了五十幾萬元，以超出對手兩千五百多元的業績成為第一名。

原本遙遙無望的差距，全力以赴拚了一把，就能創造奇蹟。而在實際的銷售過程中，絕大多數普通業務面對困難和阻撓時，都會知難而退，並安慰自己說「努力過了，我不後悔」。正是這種想為而不敢為的做法，決定了他們的業績平平。

和這些普通業務不同的是，一名頂尖業務在遇到同樣的境況時，不會輕易退步，而是會全力以赴，誓達目的才肯甘休。拿我自己來說，當年在阿里巴巴工作時，我總是早上六點便起床。有時候為了見一個客戶，我會轉三、四次車。月底為了拚業績，我常常會不分日夜的工作。這種全力以赴的工作狀態，就像一簇火苗，點燃了我身體裡潛藏的所有能量，讓我可以將工作做得更好，也讓我取得比之前更優異的成績。

為了達成目標，努力到感動自己

沒有制定好目標，或目標確定完畢之後，沒有百分之百執行到位，這都是許多普通業務最為致命的壞習慣。

對於一個業務而言，目標的制定和執行是至關重要的。根據多年的觀察，我發現，無論是哪一個行業的頂尖業務，在工作時，他們都會制定明確清晰的工作目標和工作計畫。比如，明天要拜訪哪些客戶，這些客戶分別是什麼類型；明天的拜訪要達到什麼樣的目的，需要做好哪些準備……目標一旦制定後，他們就會不遺餘力的朝著目標推進，不給自己任何理由和藉口，百分之百的完成任務。

所以，下一次，當你在抱怨自己始終無法成為頂尖業務時，不如反思一下自己：你是不是有明確的工作目標和努力方向？為了達成工作目標，你是否付出了全部的努力？面對沒有完成的工作目標，你是選擇通宵達旦做完，還是抱著「差不多」的心態，把工作留到明天再做？

正所謂「明日復明日，明日何其多」，如果你總是想著「差不多了，明天再做」，如果你沒有養成為達到目標而努力到感動自己的習慣，那麼你就只能做一個普通業務，始終在平凡的業績裡掙扎徘徊。

業務員的使命就是實現業績目標，這一點永遠不會變。所以，晉級為頂尖業務的第一步，就是要學會制定自己的業績目標，並且按照目標，有條理、有計畫的去一步步推進業務工作。在這個過程中，還要不斷思考：我的目標是什麼？有沒有什麼方法能夠讓我更加靠近它？

當你設定了明確的目標，並且養成為了達到目標而努力不懈的習慣，你就會擁有更積極正面的工作態度，你就不會輕易被挫折和失敗打倒，你離頂尖業務也就會越來越近。

為了自己的現在和未來打拚

覺得自己在給別人打工，是普通業務普遍存在的心態和必須摒棄的壞習慣。

在現實的生活中，有些業務員總會發出這樣的抱怨：我的工作太辛苦；我的老闆太苛刻，總是要求的多又給的少……而面對同樣的境遇，另外一些業務員卻會這樣激勵自己：我對我的工作很滿意，雖然薪水不高，但我每天都在成長；我的老闆很好，做業務讓我感到快樂……。

同樣的職業，不同的聲音，也決定了不同的命運。那些整天抱怨的業務員，只是渾渾噩噩的把業務工作當成謀生手段，因為在混日子，所以他們永遠「混」不出成績；而那些善於激勵自己的業務員，則是在為了自己的現在和未來打拚，除了薪水，他們還有更宏大的理想和抱負，他們擁有成為頂尖業務的巨大潛能。

下頁表1-3列出了「覺得自己在給別人打工」的普通業務，和「為了自己的現在和未來打拚」的頂尖業務之間不同的工作態度。

作為一個業務員，你應該經常問問自己：我的工作目的是什麼？我是為了什麼而工作？難道我的工作僅是為了做給老闆看，從老闆那裡換取每個月的薪水嗎？

只有明確做業務的真正目的和意義，用心去體會做業務的樂趣，你才會煥發出無限的熱情，養成正確的工作習慣，並且持之以恆，使自己擁有巨大的銷售動力，為了獲得更好的成長與進步而努力不懈。

記住，你必須從一開始就樹立起「為自己的現在和未來打拚」的工作觀念，始終以主人公的姿態去對待業務工作。當你能夠做到這一點，你才會有機會成為頂尖業務。

⬇ 表1-3 普通業務和頂尖業務在工作態度上的區別

情景	普通業務	頂尖業務
每個月要完成一定業績，即使完成了，報酬也不會很高。	因為報酬低而不努力。	報酬雖然低，但是能使自己成長，所以要努力完成業績目標。
公司要求每天拜訪 8 家客戶。	難度大，需要付出太多，而不願努力。	公司要求每天拜訪 8 家客戶，我至少要完成 10 家。
公司要求簽對賭協議去學習銷售知識，學習歸來業績達標則會給予獎勵，否則自己付費。	學習需要費時費精力，還要自己掏錢，不願意。	不僅可以學習新知識，還可以激勵自己提高業績，一定要去學習。

03 那些沒有購買決策權的客戶，我不拜訪

除了心態和習慣上的不同，普通業務和頂尖業務的區別，還體現在工作效率上。

對於每一個人而言，時間都是公平的，它既不可以儲存，也不可以增加，更不可以轉讓。從本質上來說，業務其實就是一項與時間賽跑的工作。業務員要想完成從普通業務向頂尖業務的晉級，就必須努力提高自己的工作效率，讓自己的工作時間更有價值。

不知道在實際的業務工作中，有多少人曾計算過自己的時間究竟值多少錢？假設我們的年收入是四十萬元，每週的工作時間是四十個小時，那麼，我們全年的工作時間就是兩千零八十個小時，平均下來，每小時的工作單價約一百九十二元。在這一年中，如果我們每天浪費一小時去做那些沒有意義的事情，那麼全年就會浪費將近五萬元。

透過這個簡單的數學計算可以看出，在我們眼裡微不足道的一小時工作時間，全年累計起來，其實也能創造出不小的價值。這便是提高工作效率的重要性，也是很多業務員無法成為頂尖業務的關鍵原因。

據不完全統計，頂尖業務的工作效率至少會比普通業務高十倍。那麼，這十倍究竟高

在哪裡呢？我們不妨透過表1-4來了解一下。

為了精準開發客戶而開發客戶

所謂精準開發，就是指透過各種管道，將產品銷售給有需求、有付款能力和有購買決策權的A類客戶（指第一KP[1]、有需求、有購買能力的目標客戶，關於A、B、C、D四類客戶的區分標準，請參考第七章）。

比如，當接受老闆每天必須打一百通電話、開發四到六家客戶的工作任務後，普通業務或許會在產品和市場還沒有研究好的情況下，就透過各種管道得到客戶的電話，不假思索的去找客戶。而這樣做的結果往往是，電話打了上百通、客戶拜訪了十幾家，卻沒有半點收穫。

頂尖業務在接到同樣的任務後，會認真查找客戶資料，對這些客戶是否匹配自己的產品，和是否有能力付款做仔細分析，然後根據分析結果找出目標客戶，並進行拜訪。比較

⬇ 表1-4 普通業務和頂尖業務在工作效率上的區別

普通業務	頂尖業務
為了開發客戶而開發客戶。	為了精準開發客戶而開發客戶。
為了拜訪客戶而拜訪客戶。	為了達成目標或目的而拜訪客戶。
嘗試性提出簽單。	為了幫助客戶創造價值而簽單。
為了學習而學習。	為了創造自己新的價值而學習。

兩者的做法，我們可以發現，普通業務在銷售的過程中，主要犯了以下三大錯誤：

- 不知道去哪裡開發目標客戶。
- 未識別出誰是目標客戶。
- 懶得開發目標客戶。

事實上，與為了開發客戶而開發客戶相比，精準開發客戶可以節省大量時間，提高銷售效果和轉化率。這是因為，在開發客戶的過程中，我們實際上已經透過對客戶資料的分析整理，確認了客戶範圍，也確保努力與目標的一致性，為銷售成功打下了基礎。

為了達成目標或目的而拜訪客戶

拜訪客戶是銷售活動中很重要的一個環節，所以每一個業務員都必須高度重視。

1 Key Person，本義是關鍵人士，書中具體指銷售過程中的關鍵人士，即跟銷售決策有關的人員，如老闆、銷售經理等。

在實際的銷售過程中，許多業務員總是誤以為拜訪客戶，只是跟客戶見面，向對方介紹產品用途的簡單過程，並不需要任何技巧。事實上，從本質上來說，拜訪客戶不僅是一種現代化的商業技巧，更是一種提高銷售效率的永恆藝術，對於銷售的成敗起著決定性的作用。

在拜訪客戶上，普通業務和頂尖業務獲得的結果也不同。前者總是吃閉門羹，後者卻能夠長驅直入、旗開得勝。造成這種不同結果的原因在於，前者通常是為了拜訪客戶而拜訪客戶。比如公司規定業務員每天必須拜訪六到八家客戶，那麼普通業務就可能會為了湊夠六家客戶的拜訪量盲目的去掃街；而頂尖業務則是帶著目標或目的，有針對性的去拜訪客戶。

比如，我在阿里巴巴做業務時，每次拜訪客戶前，我都會先找出客戶的名單，並且按照就近原則，以鎮工業區、一棟樓、街道附近為單位歸類。這樣做的好處是，確保了同一地區的客戶可以一起拜訪，從而最大限度的節省拜訪時間。

在分類的過程中，我還會詳細標注出所有客戶的具體資料，找出自己的目標客戶，進行精準拜訪。根據目標客戶的不同情況，我會將他們細分為預約性的客戶、維護中的客戶和下了單的客戶三大類。**對於預約性的客戶，我會重點介紹公司的優勢，盡量爭取到約見面的機會；對於維護中的客戶，我會著重加強感情的溝通，提升他們對公司和對我的認**

同；對於下了單的客戶，我會盡量維持客戶的好感度。

這樣有目的的拜訪，讓我的工作效率得到了極大提高，也是促使我成為頂尖業務的關鍵。所以，在頂尖業務的鍊成過程中，必須做到為了達成目標或目的而拜訪客戶，而不是為了拜訪客戶而拜訪客戶。

在實際的客戶拜訪中，普通業務的拜訪效果之所以不顯著，並不是因為客戶對他們反感，往往是因為他們在拜訪之前漏掉了**篩選客戶**這一關鍵步驟。不懂得取捨，既浪費了時間，又效率低下。一般來說，在拜訪客戶之前，頂尖業務會對客戶進行如下頁圖1-1三個方面的鑑定：

1. 鑑定客戶的購買需求

頂尖業務在拜訪之前，會先透過電話、通訊軟體與客戶閒聊，據此判斷客戶是否有購買需求。

一般來說，客戶的購買需求可以分為明顯需求和潛在需求兩種。所謂明顯需求，指的是客戶對你的產品的必要性表示認可；所謂潛在需求，指的是客戶沒有發現你的產品的必要性。

事實上，大部分客戶都屬於潛在需求群體，這也是為什麼很多業務員會認為「做業務很辛苦」。挖掘一個客戶的潛在需求不是一件容易的事，稍不注意就會遭到客戶拒絕。

但我們換一個角度想問題：如果所有的客戶的需求都明顯，那怎麼會有頂尖業務一說呢？所以，鑑定客戶的購買需求，特別是潛在需求，是業務員最需要去努力的方向。

2. 鑑定客戶的購買力

客戶的購買力，也就是客戶的支付能力。**購買力**是判斷一個潛在客戶是否能成為目標客戶的重要條件。

如果你面對的客戶是個人或者家庭，那麼你可以透過調查其收入水準、房子面積大小、所在社區之類來進行判斷；如果你面對的客戶是企業，那麼你可以透過其經營狀態、信用評價、資金預算等方面來判斷。

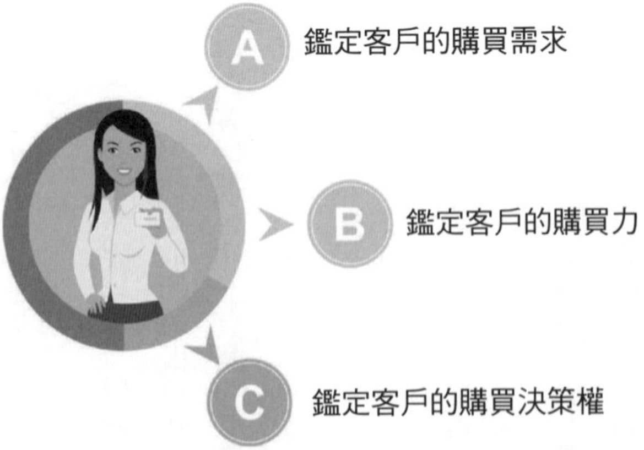
A
鑑定客戶的購買需求
B
鑑定客戶的購買力
C
鑑定客戶的購買決策權

▲ 圖 1-1 頂尖業務在拜訪客戶前會做的三個鑑定

要準確的鑑定一個客戶是否有購買力，並不是一件簡單的事，需要業務員在前期搜集大量的資料，以便從各方面的資料來推算客戶的購買力。

需要注意的是，**如果你鑑定出你的客戶沒有購買力，即使對方有購買需求，他也不可能轉化為目標客戶**。

3. 鑑定客戶的購買決策權

所謂購買決策權，是指你要去拜見的客戶是否有購買的決策權力，也就是說，是否有簽單的權力。**如果你即將去拜見的客戶沒有購買決策權，即使他有購買需求和購買力，他也不是你的目標客戶，你也沒有必要去見他了，這樣做只會浪費你的時間和精力**。

所以，頂尖業務在去拜見客戶之前，會透過各種資料判斷對方是否有購買決策權。如果沒有，他會想辦法摸清對方有多大決策的權力，並嘗試透過對方找到關鍵人士。

鑑定客戶的購買決策權並不是憑空瞎想的，它是有規律可循的。比如，在一個家庭中，不同的經濟收入、文化背景和職業背景，其購買決策權也會不同，業務員要摸清丈夫和妻子誰有決定權；在一個公司裡，購買決策權也會根據金額的大小而不同，業務員要想辦法了解公司的運作情況及管理機制，掌握客戶內部主管人員與部門主管之間的權力範圍和職責界限。

為了幫助客戶創造價值而簽單

事實上，那些持續簽單的頂尖業務之所以能成功，正是因為他們具備了一些過人的銷售「天賦」。這裡的天賦，並不是指常規意義上的與生俱來的天賦異稟，而是指可以透過學習與鍛鍊得到提升的，對於靈活性、感染力、敏感度、自我驅策、社交等的把控能力。這種天賦可以幫助業務員創造出巨大的銷售價值。

生活中，我們常會看到這樣的銷售場景，即到了簽單環節，一般業務會這樣說服客戶：「王總，今天我們談得差不多了，就簽了吧。」此時，對方通常會回說：「我再想想。」而這一想，簽單基本就無望了。你是否想過，為什麼會出現這樣的情況？

事實上，當業務員說出「王總，我們就簽了吧」這種嘗試性的簽單話語時，他們實際上是在將客戶往外「推」。這會讓客戶認為他們之所以這樣說，是因為購買他們產品的人太少，從而陷入一種猶豫不決，最終導致簽單失敗。

同樣的情況下，頂尖業務會使用「為了幫助客戶創造價值而簽單」的「吸引」性話術技巧，例如：

王總，你對我們的價值是認可的，對於我們產品的功效可以解決你的一、二、三、四大問題也是肯定的，而且你也剛好有這方面的預算。如果我們今天說再見了，下次也不知道什麼時候再見面。你如果錯過了這個機會，對你而言將是極大的損失；對我而言，無非是換個客戶而已。

總而言之，我們的產品是能夠為你創造價值的，而你也是因為這個價值才購買我們的產品，並非因為你看我順眼。所以，是你不能失去我們這個產品，而我們的產品卻可以失去你。

在這個說服的過程中，頂尖業務首先會讓客戶意識到，他們決定購買的動機是非常明智的，而且這種購買一定會物超所值。

普通業務和頂尖業務的「一推」和「一拉」，誰更高明，一目瞭然。

為了創造自己新的價值而學習

科普作家高士其曾說過：「對世界上的一切學問與知識的掌握並非難事，只要持之以恆的學習，努力掌握規律，達到熟悉的境地，就能融會貫通，運用自如了。」這句話運用到業務上，同樣成立。

造成普通業務和頂尖業務在工作效率上存在巨大差距的，除了客戶開發、客戶拜訪和簽單外，還有學習能力。學習的最大好處就在於，它可以最大限度的幫助我們提升自己，減少犯錯的機率，縮短我們摸索的時間，讓我們更迅速的完成頂尖業務的晉級之路。

從本質上來說，成功其實就是一種思考和行為習慣，而學習能力則是成為頂尖業務的基礎。頂尖業務幾乎無一例外都是注重學習的高手，他們不僅善於透過學習提升自己各方面的能力，更懂得讓學習成為自己的習慣。

提到學習，在現實生活中，常常會有業務員向我抱怨：「每天都要拜訪許多客戶，早出晚歸的，哪裡還有時間學習？」其實，時間就像海綿，擠一擠總是會有的。你之所以不去學習，不是因為你真的沒有時間去學習，而是因為在你的內心深處，並不願意去學習。

以我自己為例。當年在阿里巴巴做業務時，儘管工作繁忙，經常半夜才到家，我始終沒有放棄過學習。每天睡前，即便再累，我也會堅持看半個小時的書。這個習慣，我一直保持至今。

我深知，作為一個業務員，如果不學習和充電，就會退步。如果你不想原地踏步，希望自己擁有更強大的實力，坐上頂尖業務的交椅，你就必須有充電的意識，不放過任何一個學習的機會。

那麼，作為業務員，我們應該找誰學？學什麼呢？下面這些頂尖業務最常用的，為了創造自己新的價值而學習的方法，或許可以給你一些啟發。

▣ 找誰學？找行業裡或公司裡的頂尖業務學習

俗話說：「三百六十行，行行出狀元。」每一個行業，都有它獨特的社會屬性，都有這個行業的頂尖業務。他們就是我們最好的學習對象和學習資源。

例如，你是一名電腦銷售人員，當你在大賣場銷售電腦時，你會發現有些業務員吆喝一天也成不了一單，而有些業務員卻頻頻成交。那些頻頻成交的業務員，就是你需要學習的對象。

具體來說，在向那些行業頂尖業務學習時，我們可以採用「一看、二記、三實踐」的方法：

一**看**，即仔細觀察頂尖業務的銷售話術、銷售套路和客戶的狀態，學會捕捉客戶的購買衝動。

二**記**，即用心記住頂尖業務的語言表達、細節舉動以及售前、售中、售後過程，尤其是那些讓你印象深刻而且能促成成交的舉動。

三**實踐**，即除了要看、要記，還要將自己所看到的、所記住的運用到實際銷售中，要始終牢記：只有自己做到了的，才是真正屬於自己的。

◘ 學什麼？什麼不足學什麼

人無完人，我們每個人都有自己的優點和缺點。在晉級為頂尖業務這條路上，我們要多學別人的長處，多補自己的不足。比如，如果缺乏銷售技巧是你最大的問題，就多學習銷售話術和成交技巧；如果情商是你最大的不足，就著重練習提升情商……。

以我自己為例。因為我沒有任何海外留學和工作經驗，所以我深知英語能力差是我最大的劣勢。為了彌補這個劣勢，我下載詞霸軟體去背誦、理解阿里巴巴外文網址（www.alibaba.com）上的一千多條子類目，每天晚上最後一個離開公司，直到把一千多個子類目、一萬多個專業單字全部背會。就這樣，之後我再去見客戶時，就不會因為疏於對一些業內英文單字的掌握，而處於下風了。

在阿里巴巴做業務時，一口流利的英語不僅讓客戶感受到我的專業，也提高了客戶對我的信任度和認可度，成了我持續簽單成功的重要原因之一。

你瞧，這便是學習的重要性。當然，業務員還應該多學習一些專業知識，比如產品知識、銷售技巧等。此外，一些非專業方面的知識，比如禮儀知識、思維訓練等，也應該多學習，從而全方位、多角度的不斷提升自己的銷售能力。

學習和充電，是每一位業務員的必修課。只有主動去學習新的知識，才能更好的往上攀升，不斷提高自己。否則，你不但跟不上時代發展步伐，更陷入落後和被動的境地。

一分努力，一分收穫。世界上沒有無緣無故的成功，那些頂尖業務之所以比你強，絕不是因為運氣，一定有客觀的原因：也許是他們比你擁有更好的心態，或更好的習慣，也可能是他們比你擁有更高的工作效率。如果你也想成為頂尖業務，你就必須在這些方面多下功夫。

04 要就簽約，要不結案，頂尖業務不受客戶擺布

在前文中，我們已經分析了普通業務和頂尖業務，在行為模式上的三大主要區別。而這些行為模式的不同，也直接導致兩者的價值差異。下面，我們就來具體分析一下這些價值差異。

找對第一關鍵人

首先，普通業務和頂尖業務的價值差異表現在開發客戶上（見左頁表1-5）。前者每天最多只能開發兩到三家客戶，這是因為在開發客戶的過程中，他們往往是盲目的，並不知道對方是否為第一關鍵人，是否有需求和付款能力。

許多業務員在開發客戶的過程中，常常會誤認為一個公司的經理、總監就是第一關鍵人，結果費盡口舌、花費大量精力向對方介紹產品，最後卻發現對方即便很感興趣，也根

本做不了主。

所謂的第一關鍵人，就是指具有最終決策權力的人。在拜訪客戶的過程中，只有找對人，才能做到事半功倍。比如，在一個公司內部，購買辦公用品這件事是由總監決定。所以，許多普通業務在開發客戶的過程中，會理所當然的誤認為總監就是第一關鍵人，從而把大量的精力都花費在無用功上。

事實上，每個公司的管理單位都是有簽字金額權限的，所以總監頂多只能算是關鍵人，而非第一關鍵人。

同樣是開發客戶，頂尖業務會透過各種管道和資料，去判斷總監是否為這家公司的第一關鍵人。如果不是，會再分析這家公司的第一關鍵人究竟是誰，這家公司是否具有需求和付款的能力，而絕不會花費無謂的時間和精力在錯誤的人身上。

所以，頂尖業務的工作效率是非常高的，他們往往一天能開發三到五家目標客戶。

⬇ 表1-5　普通業務和頂尖業務在開發客戶上的價值差異

普通業務	頂尖業務
每天開發2～3家客戶。	每天開發3～5家目標客戶。
不知道是否為第一關鍵人。	知道第一關鍵人。
不知道是否有需求。	有需求。
不知道是否有付款能力。	有付款能力。

比起準備問題，傾聽更重要

其次，普通業務和頂尖業務的價值差異表現在拜訪客戶上（見表1-6）。我們先來假設這樣一個場景：作為一名業務員，你馬上要去拜訪一個客戶，而且這是你和客戶的第一次會面，這個客戶對你至關重要。在拜訪前夕，你需要做好哪些準備？

如果你的答案是，認真的準備第二天約見時客戶可能會提出的問題，力爭做到有問必答，充分展示自己產品的價值，那麼，這說明你還是一個普通業務。相反的，頂尖業務通常不會這樣做。比起準備問題，他們更願意全方位的去充分了解客戶，弄清楚客戶的需求、預算、決策流程以及自己的競爭對手，想方設法在拜訪時讓客戶心甘情願的下單簽約。

在拜訪客戶的過程中，頂尖業務通常會透過和客戶的溝通、詢問，去了解客戶的渴望和恐懼，具體來說就

⬇ 表1-6 普通業務和頂尖業務在拜訪客戶上的價值差異

普通業務	頂尖業務
最多每天拜訪2～3家客戶。	每天拜訪3～5家客戶。
渴望？	看懂客戶的渴望。
恐懼？	知道客戶的恐懼。
傾聽？	做到有效傾聽。
價值？	向客戶說明產品價值。

是：客戶最想要什麼；希望透過所購買的產品達到什麼目的、解決什麼問題；購買產品時最擔心什麼，是售後服務，還是產品功能不全？

在銷售的過程中，大部分的普通業務能言善辯、以口舌之利為驕傲資本，並且把在客戶面前口若懸河，看成是對成交的有力推進。而頂尖業務會仔細傾聽客戶的疑問，向客戶闡述產品的價值。他們把銷售過程中的「聽」看得比「說」更為重要。頂尖業務深知，一個成功的銷售過程，對客戶問題的傾聽和分析需要占用七〇％至八〇％的時間，而在這個過程中，「聽」和「問」，尤其是「聽」占據著主導地位。

當然，在客戶說完之後，頂尖業務也會適時的向客戶總結一下產品的價值，以消除客戶的質疑，達到高效溝通的目的。這樣的拜訪技巧，決定了頂尖業務每天可以有效拜訪三到五家客戶。而普通業務，因為沒有掌握這些技巧，在拜訪客戶時往往就像大海撈針，辛勞一天，最多也只能有效拜訪兩到三家客戶。

提出簽單，不拖泥帶水

最後，普通業務和頂尖業務的價值差異，表現在提出簽單要求上（見下頁表1-7）。

一般來說，普通業務到了嘗試簽單階段，會先嘗試性的提出三到五次的簽單要求。此時，大部分客戶出於各種原因，會推託一下，而不願立刻簽單。面對這種情況，普通業務就會覺得不好意思。為了不把客戶逼急，避免客戶跑單，他們通常會說：「王總，你想好後打電話給我。」

事實上，當這樣的話說出口後，簽單基本上就無望了。除非你真的走了大運，否則是不會有客戶主動打電話給你的。大部分情況下，客戶會在你的客戶管理系統裡休眠一到兩個月。於是，為了簽單成功，你可能得隔幾天打電話去詢問一下客戶，或者隔幾天再去拜訪一下客戶。而這樣做，即便是成功簽單了，也會花費你更多的時間和精力，降低你的工作效率。

相反的，頂尖業務到了嘗試簽單階段，就會信心百倍的提出簽單請求。通常，他們會對客戶說：「王總，我們產品的價值你也認可了，今天我們就把這件事情定下來，這樣你就可以馬上讓產品產生價值……。」

此時，如果客戶推託，他們就會接著說服：「你看你如此成功，就要及時做決策。你今天定下來，明天我們就可以開始執行……。」如果客戶持續給出不簽單的理由，他們就會不斷的排除

表1-7　普通業務和頂尖業務在提出簽約要求上的價值差異

普通業務	頂尖業務
嘗試簽約。	持續提出簽約。
客戶休眠 1～2 個月。	要麼簽約，要麼結案。

客戶的疑慮，並提出簽單要求。

在這個持續提出簽單要求的過程中，客戶會暴露自己內心最深處的疑慮或者其他擔憂的問題，而頂尖業務也就能針對客戶的這些問題，做出清楚的解答。當客戶完全打消了自己的疑慮和擔心後，簽單便自然而然了。

事實上，**大部分客戶的推託其實只是習慣性的動作**，正因為頂尖業務深諳此中道理，所以才不會被客戶這些習慣性的動作所欺騙。

當然，他們也不能保證每次拜訪的客戶都能現場簽單。如果碰到了持續嘗試簽單，而客戶仍然不願簽單的情況，頂尖業務一般會放棄這個客戶。因為對他們來說，如果一個客戶當天不能簽單，那麼就有可能會在客戶管理系統裡休眠一到兩個月，這實際上會變相降低他們的工作效率。所以，對於頂尖業務來說，到了嘗試簽單階段只會有兩種結果：要麼簽掉，要麼結案掉。

業務員價值差異計算公式

前面我們詳細分析了普通業務和頂尖業務的價值差異，下頁的表1-8可以讓大家更直觀的感受這些差異。

通常，我們會採用下面的公式來計算普通業務和頂尖業務的價值差異：

目標客戶×有效拜訪×一次性簽單機率×（心態＋狀態＋效率）＝價值差異結果

將表1-8中的資料代入公式計算：頂尖業務每天至少開發目標客戶三家×每天至少有效拜訪三家客戶×一次性簽單機率N×前面章節所說的心態、狀態和效率各一倍，最後的結果約為五到十五倍業績增長。

雖然每個人的能力不盡相同，導致不同頂尖業務的一次性簽單機率也會有所不同，但是根據我的經驗，結合表1-8和價值差異計算公式，得出普通業務和頂尖業務之間的價值差異，可以達到五到十五倍。正所謂能力決定效率，效率決定結果，這五到十五倍的價值差異，就是普通業務在晉級的過程中，必須完成的超越。

⬇ 表1-8 普通業務和頂尖業務的價值差異

普通業務	頂尖業務
開發2～3家客戶／天，3～5次拜訪。	精準開發3～5家有效客戶／天，1～2次拜訪。
有效拜訪2～3家客戶／天，3～5次拜訪。	有效拜訪3～5家客戶／天，1～2次拜訪。
嘗試簽單之後，客戶休眠1～2個月。	要麼簽掉，要麼結案，1～2次拜訪就簽約。

第二章

我如何完成馬雲眼中不可能的業績目標

業務目標是每個業務員在每年、每季或每月都會制定的。制定目標後，你還要學會把目標分解成若干小目標，並且切實的付諸執行，這樣才能逐步實現大目標。

01 別人訂大目標，我先訂小目標

作為一名業務員，你每年會給自己制定多少業績目標？你下個月的目標會低於這個月，還是高於這個月？你屬於保守派，只根據當前的銷售情況制定目標；還是激進派，勇於挑戰自己的極限，不斷給自己加壓？

在回答這些問題前，我想先和大家分享一下我的故事。

當年，我在阿里巴巴做業務時，制定目標的方式和別人有很大的不同。那時候，如果其他業務員的當月業績目標是一百二十萬元，而他們完成了八十萬元，那麼他們在制定下個月的業績目標時，依然會維持一百二十萬元。但我沒有這樣做，我總是會不斷的給自己加壓。

比如，我這個月的業績目標是一百二十萬元，完成了八十萬元，那麼，我下個月的業績目標就會變為兩百萬元。如果下個月的兩百萬元目標中，我完成了一百四十萬元，那麼下下個月，我的目標就會變成兩百八十萬元。總之，我會不斷給自己加壓，每個月至少加四十萬元到八十萬元。也許在很多人看來，我這樣的做法很瘋狂。在他們的想法裡，最初設定的一百二十萬元都無法達成了，還不斷加碼，只會更完成不了。

可是我不這樣認為，事實上，在這個不斷給自己加碼的過程中，看似我沒有完成任務，但我的銷售額卻得到了不斷提升。當其他人每個月依然只能完成八十萬元業績時，我的業績可能已經由八十萬元上升到一百二十萬元，再上升到一百六十萬元、兩百萬元、兩百四十萬元……也就是說，隨著我的目標不斷加碼，我的業績也實現了逐月上升，而我也不斷提升能力。

事實上，這是一件很有趣的事情，別的條件都沒變，僅僅是在制定目標時不斷給自己加碼，就實現了業績的提升。那麼，我究竟是怎麼做到的？

挑戰自己的極限

不要小看心態的變化，很多時候，決定銷售成敗的，往往就是心態。不斷給自己加壓，實際上也是在不斷的抗壓。在這個過程中，我提升了抗壓能力，我的內心變得更強大，我變得更有自信也更有熱情了。於是，當我再去拜訪客戶時，我的心態好了，氣場也強了，說出的話自然更令客戶信服，我的成單率也就得到了提高。

許多普通業務總是把業績壓力當做是一種負擔，並因此而沮喪。但我不會，在我看來，沒有壓力就沒有動力，我更願意挑戰自己的極限，並且將挑戰自己、完成目標的過程視為一種享受。正是因為這種好心態，成就了我的好業績。

動態調整策略

銷售方式也是決定銷售業績很重要的因素之一。銷售方式並不是一成不變的，而是由業績目標決定的。比如，你每天見多少客戶，目標客戶占多少，次要客戶占多少，每個客戶應該爭取到多少的成交額等，這些都是經由你分配得到的任務額去決定的。

這裡涉及很關鍵的一點：當別人制定每月業績目標為一百二十萬元時，他們就會按每天四萬元的業績目標去工作；而我制定了兩百四十萬元的業績目標，我就會按照每天八萬元的業績目標去工作。

因為我的目標銷售額比別人多，所以我每天要見的客戶，以及每個客戶的成交額等也會比別人多，這樣一來，我的銷售業績自然會比別人好。而且，由於我不斷的對自己加壓，所以我的業績目標不斷往上提升，目標提升的同時，我也不斷的調整銷售方式，因此，我的工作效率和銷售額，也不斷提高。

以上就是我想和大家分享的我自己的銷售實戰經驗，事實上，我的做法很簡單，那就是，**不止步於某個成績，在制定業績目標時，不斷給自己加壓**。

要知道，在這個競爭激烈的時代，你原地踏步，就意味著退步。所以，當你始終將自己的目標定為一百二十萬元的時候，你實際上是允許了自己原地踏步，那麼你就只能永遠做普通業務。只有當你具備了給自己不斷加壓的勇氣和魄力，你才會不甘於現有成績，進而不斷提升自己的能力，不斷進步，你的業績才會得到相應的提升，你才有可能成為頂尖業務。

02 別人訂年度目標，我訂每日目標

生活中，相信大家都有過這樣的經驗，一百萬元你覺得很多，可是將這一百萬元分成十份，每份變成了十萬元，再將這十萬元分成十份，每份變成了一萬元，你就會覺得數額不是很大。假如再將這一萬元進一步細分成二十份，每份變成五百元，你是不是就覺得金額很小？事實上，這就是目標分解的魅力。

許多普通業務在制定業績目標時，總是不敢把目標定得太高，怕自己做不到。其實，那些在你看來數額太大、完成不了的目標，一旦分解到了每個月、每一天，就會變成一個很小的數字。說到這裡，我再和大家分享一些我在阿里巴巴做業務時的故事。

在阿里巴巴時，我們每一年制定的業績目標都是要張貼上牆的。二〇一三年，我們一個區域大概有二十個業務員，大家上報的業績目標大都是兩百萬元、兩百四十萬或者三百二十萬元，最高的是四百八十萬元。然而，我卻不走尋常路，報了一個在大家看來近乎瘋狂的數字：兩千三百五十二萬元。為什麼報這麼高的目標？因為當時業績的天花板最高是兩千四百萬元。

當時，幾乎所有人都覺得這是一個完成不了的天文數字，連馬雲也認為我最多只能完成一千四百六十萬元。目標確定後，我做的第一件事就是對目標進行分解，將這個看似不可能的大目標，分解到了每一月、每一天，讓它們變成了一個個實際可行的小目標，並且嚴格按照這些小目標，有條不紊的去推進工作。最終，我在那一年共完成了兩千五百二十萬元的業績，超額完成了任務。

事實上，在那一年，我做得很輕鬆。一般情況下，我每週會有三天見客戶，兩天待在公司裡，還有兩天休息。這一切，都得益於我合理分解目標。

從我的故事中，不知道大家是否可以得到一些啟發？其實，在銷售的過程中，有必要學會分解業績。下面，我將和大家具體來聊一聊業績目標究竟應該如何分解。

把全年的預期業績目標細分到每一天

首先，當年度業績目標確定後，你可以根據實際情況，列出實現這個目標須具備的必要條件、你目前已經具備的條件和資源，以及實現目標可能會遇到的困難。比如，實現這個目標，你需要多少客戶做支撐，目前的客戶量是多少，現階段的客戶具有哪些特徵，客戶的回頭率是多少等。

精準的判斷這些內容後，你就可以根據自己的實際情況，將全年的預期業績目標按照季、月、週、日的層級，逐級進行分解，最終細化到每一天。需要注意的是，在分解目標時，一定要做到可量化，即分解到每季度、每月、每週、每天的銷售額一定要明確，要有具體的數字進行量化。

分解完目標後，你就可以根據每天的目標銷售額去推進工作了。比如，你今天有二十萬元的銷售任務，那麼你就要規畫好，這二十萬元的銷售額怎樣去達成？是全部來自於某個A類客戶，還是來自於某幾個B類、C類客戶（參考第七章），或者新開發的客戶？總之，當你對目標進行分解後，你的工作方向就會更明確。

充分考慮市場、策略和團隊

分解目標時，除了要考慮拜訪量和拜訪品質，你還需要思考三個問題（見下頁圖2-1）。當你從這三個角度去思考問題時，你的目標分解才會更科學、更合理、更加實際可行。

我在阿里巴巴做業務時，我曾請教阿里巴巴當年的首席營運長（Chief Operating Officer，COO）關明生（Savio）有關達成目標的問題。當時，他給了我六字箴言：**市**

場、**策略**、**團隊**。二〇一三年，我兩千三百五十二萬元的業績目標，就是圍繞這六個字去分解的。為了讓大家更好的理解這六個字，下面我結合自己的銷售實例，做進一步的說明。

▣ 市場在哪裡？

在分解目標前，你需要弄清楚你的客戶在哪裡？哪些地方是你的主戰場，哪些地方是你的次要戰場？你的時間和精力應該怎麼去分配？

二〇一三年，我負責的主要市場是杭州市主城區和蕭山區。在分解業績目標時，我主要以這兩個市場為導向，計畫在這兩個市場完成五〇％的業績。而杭州周邊的市場，比如富陽、桐廬、臨安等，我的規畫是預計完成業績四〇％。這樣，剩下一〇％的業績我就放到了外地市場。以這樣的方式對目標進行分解後，我的市場布局就一目瞭然了。

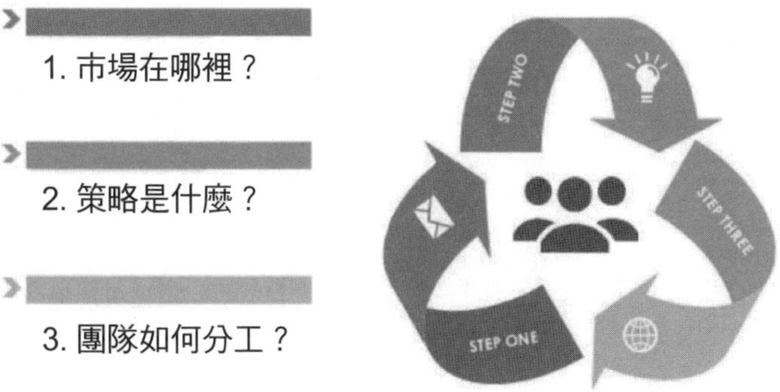

▲ 圖 2-1 分解目標時需要思考的三個問題

▣ 策略是什麼？

顧名思義，銷售策略就是為達成業績目標而採取的銷售手段。在制定銷售策略時，你一定要弄清楚怎樣做可以讓你事半功倍。當年，我採取的銷售策略主要有兩點：

其一，會銷（會議營銷）。二〇一二年我參加了很多研習，關於會銷的知識，正是源自於這些研習。所謂的會銷，其實就是將潛在的客戶集中邀請到公司總部，利用公司的資源來幫助我們跟客戶進行交流，提高簽單效率。

像這樣的會銷，我每月都會舉辦一次。因為前面我已經劃分自己的市場，所以在舉行會銷時，我就會根據每個城市所占的市場份額，以及我對A、B、C各類客戶的實際需求數，來邀請相應人數的客戶。透過會銷，我大幅提高簽單率。

其二，同一個客戶絕不見第三次。當時，我規定自己對同一個客戶最多只見兩次。後來，我曾經做過一個統計，那一年，我見過三次以上的客戶不超過一〇％，見過兩次的客戶也不超過二五％。也就是說，六五％左右的客戶我基本上都是一次性見、一次性簽單。嘗試簽單簽不下來，我就直接放棄掉。

當我這樣要求自己時，實際上也是在逼自己充分認知和了解每一個要見的客戶，弄清楚這個客戶是不是真正的關鍵人？是否有簽單的意願？是否有付款的能力？事實上，這也是我強大執行力的一種體現。一旦確定目標任務，就必須不折不扣執行，唯有如此，你才能提高自己的工作效率，不斷鞭策自己向目標靠近。

▣ 團隊如何分工？

要想成為頂尖業務，就有必要向公司申請助理，組建銷售團隊，並且對銷售團隊進行明確分工。畢竟，比起一個人的單打獨鬥，團隊的力量更強大。

當年，我的銷售團隊包括我只有三個人。我是這樣進行分工的：我主要負責見客戶和對助理進行輔導，兩個助理主要負責開發新客戶和售後服務。在這種合理的分工下，我們的工作效率得到了極大的提高。

以上就是我想和大家分享的關於目標分解的知識。總之，不要懼怕制定業績目標，很多時候，你之所以覺得自己距離目標遙遠，是因為你沒有認真去思考如何實現目標，更沒有努力去做。

03 挫折時，找個可靠的人激勵自己

如果我們將「業績目標」比喻成一艘遠航的大船，我們是大船的舵手，那麼「目標分解」就是我們手中的方向盤，「高效的執行力」就是船篙。靠船下篙，才能船行千里。**高效的執行力是達成業績目標的保障，目標分解得再細，如果執行不到位，也將沒有意義**。在銷售過程中，當我們制定了業績目標，並且按照年、月、週、日的層級來具體分解目標，明確了市場、銷售策略以及團隊分工後，接下來，我們需要找到完成目標的關鍵點，而這個關鍵點就是高效行動。那麼，怎樣才能擁有高效的執行力呢？

▣ 不斷學習，提升自己的能力

要想讓自己擁有高效的執行力，你首先要讓自己擁有相應的銷售能力。只有擁有了與業績目標相匹配的銷售能力，才會有實現業績目標的底氣和勇氣。反之，如果能力不夠，即便決心再大，也會心有餘而力不足，做不到高效執行。

許多普通業務總是習慣將自己無法達成業績目標的原因，歸究於能力不夠。事實上，能力並非一成不變的，而是可以透過學習得到不斷提升的。在這個便捷的資訊時代，我們學習的途徑有很多種，看書、參加研習、向他人請教等，這些都是實際可行的學習方式，能幫助我們獲取專業的銷售知識。而這些知識，在我們執行銷售任務的過程中，往往能起到畫龍點睛的作用。

▣ 永保熱情，點燃心中那團火

當你擁有了與業績目標相匹配的銷售能力後，在完成目標的過程中，你還需要不斷問自己：我是真的準備好了嗎？這裡的「準備好了」，就代表著你已經點燃心中那團可以燃燒熱情、擊碎懶惰的火。有了這團火，你就會不折不扣的遵守完成目標的決定，保持良好的工作狀態，付出百分之百的執行力，你就會持之以恆的保持每天都做得比昨天更好。

業務的工作常需要與人打交道，難免會遭遇別人的拒絕，甚至白眼。此時，如果我們的內心不夠強大，沒有一個良好的工作狀態，心中沒有那團火和那份做業務的熱情，那麼很可能會堅持不下來。

我是一個對業務充滿熱情的人。從某種程度而言，我的成功正是得益於我持續保持熱情。在阿里巴巴做業務時，我經常會聽作家陳安之關於銷售的演講，我覺得他的熱情能感染到我，維持我心中那團熊熊燃燒的銷售之火，讓我始終保持良好的工作狀態。有一段時間，我每天醒來的第一件事，就是去播放陳安之的演講，然後在無限的熱情中去規畫和執行一天的工作任務，並且無數次在心裡告訴自己：Yes, I can!

當我帶著這樣的熱情去工作時，我的執行力就會變得很高效。而且，我的這種熱情往往會感染到客戶，讓客戶更願意和我簽單。

▣ 弄清自己的奮鬥目標

每個人對於自己當前的奮鬥目標都應該有清楚的認知。這個目標可以是超越某個同事，達到某個高度，成為頂尖業務，也可以是對家人的某種承諾。當你弄清楚了自己的奮鬥目標後，你就會擁有一種強大的自驅力，你會很明確的知道自己應該做什麼、怎麼做，從而澈底告別懶惰和執行力不足。

通常，我會建議大家將這個奮鬥目標寫出來，或者記在心上。當你發現自己開始變得懶惰、懈怠時，就將它翻出來看一看，對自己進行鞭策。

▣ 找一個可靠的人監督和激勵自己

在達成業績目標的過程中，你還可以找一個可靠的人監督和激勵自己，這個人可以是你的學習對象，也可以是你的家人或朋友。當你出現懈怠或者需要幫助的時候，他們將為你提供相對的支援，並督促你保持高效的執行力。

▣ 及時獎勵自己或者獎勵家人

例如，你可以對自己或者家人做一個承諾：假設這個月我達成業績目標，我將會為自己或者家人安排一次度假、買一份保險等。透過這份獎勵，你可以不斷激勵自己、建立信心，這樣你在下一階段的工作中就會更積極、更主動。

▣ 學會訓練自己

懶惰是人的天性。為了在後天糾正這種天性，讓自己擁有高效的執行力，你需要制定一個訓練自己的計畫。

在訓練自己時，一定要對自己狠一點。比如，因為懶惰，今天有效的客戶預約沒約好，那麼就懲罰自己下班不能坐車，而是要走路回家。透過這種方式，訓練自己並改掉懶惰的陋習，提高自己的執行力。

許多普通業務之所以無法成為頂尖業務，正是敗在了**執行力**上。當你習慣用高效的行動去促成業績目標的達成時，你離頂尖業務就不遠了。

04 萬一真的做不到，怎麼辦？

經常會有業務員問我：在銷售的過程中，自己已經合理的分解目標，也弄清楚自己每天的工作任務，可是為什麼依然無法達成業績目標？遇到這樣的情況，又應該如何解決？

俗話說，失敗是成功之母，銷售失敗對於業務員來說十分正常。面對銷售失敗以及未完成的銷售任務時，我們除了要保持一顆平常心，減少失敗對自己的影響外，還應該積極弄清楚導致失敗的根本原因，更好的做到有的放矢，澈底解決問題。下面我來介紹一種能有效找到銷售失敗、業績目標未完成原因的層層倒推法則，希望能幫助到大家。

層層倒推，找出問題點

我們先來假設一種銷售場景：在一週的時間裡，你每天都會嘗試與一個A類客戶簽單，推進兩個B類、C類客戶並新開發三個有效客戶，可是你卻始終沒有簽單成功。

針對前面這種情況，你首先要做的就是對整個銷售過程進行層層倒推，並認真反省，弄清楚問題究竟出現在哪一環。

第一步，你應該審視自己的A、B、C類客戶是不是都屬於目標客戶。如果確認都是目標客戶，那麼你就需要進一步審核新開發的有效客戶，弄清楚你是否約到了關鍵人？以及再見面時，你是否做好了準備？如果你都做了，依然找不到失敗的原因，那麼就進入第二步。

第二步，仔細想一想在銷售談判的最後二十分鐘裡，你究竟有沒有嘗試簽單？如果這件事情也做了，那麼你就要回想一下，當你在和客戶談判時，是否就客戶關心的問題與客戶進行了互動？是否真正了解客戶的實際需求？是否向客戶清楚的介紹了產品？在談判的過程中，有沒有出現失誤或疏忽，有沒有說錯話？這一步完成後，如果依然沒有找到原因，那麼你就需要進行第三步。

第三步，認真反思一下你對於客戶的判斷是否存在失誤。具體來說，你需要弄清楚客戶究竟是不是A類客戶、有沒有實際的需求、有沒有付款能力、是不是關鍵人等問題。

做完這一步後，如果還是無法找出原因，此時，你就需要反思一下在銷售的過程中，你的狀態是不是很好？你有沒有業務的熱情？我們都知道，做業務最重要的是把自己的熱情傳遞給客戶，讓客戶被我們的真誠、熱情、敬業精神所感染，從而認同我們和我們的產品。假如在銷售的過程中你的狀態不好，那麼你的失敗也就理所當然了。

透過反思，如果你發現你的狀態很好，也擁有熱情和自信，思路也非常清晰，那麼就只剩下最後一種可能：你的能力有問題。在這種情況下，你應該具體分析一下，自己在銷售時的邏輯是不是很清晰？自己對產品的賣點闡述是否到位？自己是否擁有與對方溝通交流的良好能力？

當然，如果確實是自己的能力不足，也不用沮喪和擔心。在前文中我已經強調過，人的能力不是一成不變的，可以透過後天的學習不斷提升的。因此，對你而言最重要的便是，透過各種有效途徑去不斷學習和提升你的能力。

總之，當我們按照這個法則去一步步倒推時，就一定能夠準確找出導致業績目標無法達成的原因。不過，找出問題還只是解決問題最基礎的一步，最重要的是，你需要針對具體的原因做具體的分析，做到有的放矢，及時對問題進行補救和預防。

第三章

我這樣找客戶：挑、搶、轉介紹

如何開發目標客戶，在很大程度上，決定著業務員今後的目標與方向。你的努力方向與目標的偏差越大，你獲得的成功就越小。

01 我用MAN法則「挑」客戶

身為業務員，不知道你有沒有思考過這樣一個問題：銷售的第一步是什麼？

當我在課堂上向我的學員提出這個問題時，有的學員回答說是與客戶接觸開單，有的學員回答說是修煉自己……翻看市場上的一些業務行銷類書籍，大都會告訴你銷售的第一步是讓客戶信任你，或是你的自信……那麼，這麼多答案，我們究竟應該相信誰呢？

在這裡，我不想去評判孰是孰非，我只是想以自己近八年的業務經驗和創造兩千五百二十萬元業績的事實，堅定而有力的告訴你：**銷售的第一步是開發目標客戶**。

開發目標客戶是非常關鍵的一環，因為它處在整個銷售體系的頂端。頭沒有做好，後面的只會越來越難做。很多業務員整天跑斷腿，卻沒有一單能夠簽下來；明明很努力，卻始終沒有業績，他們也想過許多辦法，但就是收效甚微。這是怎麼回事？其中很大一個原因就是，你的客戶分析不夠精準。

一個目標客戶能夠帶來的價值，遠遠大於十個，甚至一百個陌生拜訪客戶的價值。我在阿里巴巴做業務時，一個月我只拜訪約四十個客戶，但我卻能成功簽單七個。其他人一個月最多簽下一到兩張單，有的甚至三個月簽一張單。這是為何？答案就在於我找到了自己的目標客戶。

正所謂「選擇大於努力」，如果你一開始就找到了精準的目標客戶，那麼你的業績就會以十倍甚至百倍的速度增長。如果你一開始就找錯了客戶，不管你付出多大的努力，也不會有好的銷售結果。

說到這裡，很多人會問：「既然目標客戶這麼重要，那麼到底什麼是目標客戶？」目標客戶必須符合以下三大特徵（見圖3-1）。

有需求

所謂有需求，就是客戶想去了解和有意願去使用產品。這是滿足目標客戶的第一個條件。

說到這一條件，經常有學員會質疑：「我沒有見到客戶之前，怎麼知道他有需求呢？」所謂「知己知彼，百戰

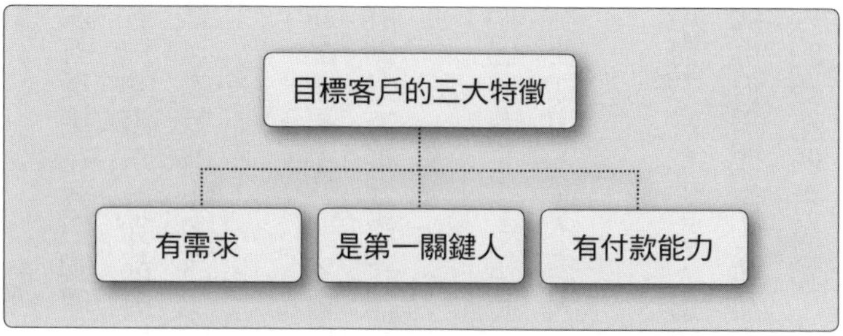

圖 3-1 目標客戶的三大特徵

百勝」，我們想向客戶推銷自己的產品或服務，除了要深知自己產品或服務的特色之外，更應該明瞭客戶想要的是什麼？因此，前期的調查研究工作很重要。

在篩選客戶時，我們通常會採取電話溝通、查網路上的資料或者直接在客戶管理系統裡，找到同事曾經拜訪過的客戶。不管你透過哪一種方式去了解客戶的需求，你都要把這件事情當做頭等大事去做。你要明白，並非所有的客戶都是你的意向或者潛在客戶，只有當你的供給與他們的需求互相匹配時，你才有機會「收服」他們。

他為什麼有需求？他哪裡有需求？他是不是用了競爭同行的產品效果不好，才會出現需求？你可以直接打電話給對方，如果在與對方溝通的過程中了解到對方根本沒有需求，那麼你就沒有必要再登門拜訪。

什麼叫沒有需求呢？沒有需求就是客戶說：「不好意思，我們已經有了。」這時，你透過其他方式也了解到對方確實沒有需求，那麼你就要果斷放手。要知道，並不是天下所有的客戶都是你的客戶。

我經常會看見很多業務員在了解客戶的需求時，明明已經知道對方沒有需求，還很有自信的說：「我一定要用什麼方式讓他有需求。」這也並非不可能，但需要你的產品在他看來的確有極大的價值和高性價比。比如，同樣的產品，他買別人的要花四百萬元，買你的只需兩百萬元。

除此之外，當客戶確實沒有需求時，無論是多麼能幹的業務員，恐怕也不能將產品銷售出去。就算產品被你推銷出去，也可能是絕無僅有的一次，客戶不會再次購買你的產品，甚至會對你以及你所銷售的產品失去信心，產生反感。這時，貨款恐怕也就難以收回了。因此，身為業務員，我們要站在客戶的立場，設身處地考慮他們的需要，如果不是他們需要的產品，就不要再花精力去跟進了。

是第一關鍵人

符合目標客戶的第二個條件是：你去拜訪的這個客戶是第一關鍵人。所謂第一關鍵人，就是指最終簽單、同意購買你產品的那個人，也就是說有購買決策權的人。這個人可能是董事長，也可能是總經理。

在銷售過程中，我常發現很多業務員把副總經理誤認為是第一關鍵人。事實上，在很多公司裡，即使是總經理也可能不是第一關鍵人。我曾經遇過一家企業，丈夫是公司的總經理，而實際上這家企業是他的妻子在做主，也就是說他的妻子才是有購買決策權的人。

我經常看見業務員苦口婆心的花了很多工夫對客戶推銷產品，到頭來卻發現他「不當家」，最後的結果肯定是以失敗而告終。如果你的客戶不是第一關鍵人，銷售將很難成功。比如，一家公司有購買決策權的人是妻子，此時若你以丈夫為目標客戶展開銷售，那麼即使丈夫和你聊得很投緣，對你的產品很有興趣，也不會產生任何銷售價值，你只是在浪費時間。

只有第一關鍵人才有購買決定權，才有可能購買你的產品。一個無決定權的客戶，即使他很有需求，也很想購買你的產品，也不可能實現交易。因此，符合目標客戶的第二個條件就是具有購買決策權的第一關鍵人。關於如何判斷是不是第一關鍵人，我將在下一節（第八十一頁）裡詳細講述。

有付款能力

可能每個人都會對私人飛機、豪華轎車和別墅有需求，但並不是每個人都能買得起。所以，符合目標客戶的第三個條件就是有付款能力。

所謂付款能力，就是客戶是否有預算、什麼時間付款、能否接受你的價格、是否認同你的價值等。比如，當你向第一關鍵人銷售產品時，如果你的產品是四十萬元，那麼你就要了解他是否有四十萬元的預算；如果超出他的預算，超出多少他能接受等。

了解客戶的付款能力是很有必要的。一方面，客戶的付款能力影響著產品銷售的難易程度，決定著銷售成果；另一方面，只有客戶具備了付款能力，你才能在簽單成交之後順利收回貨款。許多業務員都碰到過貨款難以收回的情形，這就是因為他們一開始未能留意到這一點。

一般而言，可以透過公開的財務資料了解客戶的付款能力，也可以透過直接詢問、參觀訪問、同行評論、市場反映等得到相關資訊，還可以從其他方面切入調查，例如，調查往來銀行、稅額、各種財務報表，或是請教往來客戶等。不過，這個階段的調查畢竟是初步性的，只要有基本的客戶資料，能知道客戶大概的付款能力就行了。

需要注意的是，有的客戶表面看起來沒有付款能力，是因為他不認可你產品的價值。這時，你要設法讓他認可產品的價值，讓他從沒有需求變成有需求。這樣的話，他就會優先把別的錢挪過來買你這款產品，從沒有付款能力變成有付款能力。

如果經過你的了解，客戶完全沒有付款能力，或者他的公司確實沒有購買你產品的預算，那麼他就不是你的目標客戶，你也無須在他身上花費精力和時間。

目標客戶應該符合以上三大特徵。而在實際銷售中，會碰到如下頁表 3-1 這幾種狀況，這時可以根據ＭＡＮ（按：三個字母分別指 Money 出錢的人、Authority 有決定權的人、Need 有需求的人）法則，採取相應的對策。

記住，雖然有付款能力、有購買決定權、有需求的客戶是我們的目標客戶，可以讓我們的業績實現十倍甚至百倍的增長，但如果客戶在欠缺某一條件（如付款能力或有需求）的情況下，我們仍然可以繼續開發。但此時，我們需要在時間和精力上做一個調整，不要把全部精力和時間花費在非目標客戶上。

⬇ 表3-1 MAN 法則

有付款能力	是第一關鍵人	有需求
M（有）	A（是）	N（有）
m（無）	a（否）	n（無）

① M＋A＋N：目標客戶，這是理想的銷售對象。
② M＋A＋n：可以接觸，配上熟練的銷售技術，有成功的希望。
③ M＋a＋N：可以接觸，並設法找到 A（第一關鍵人）。
④ m＋A＋N：可以接觸，需調查其業務狀況、信用條件等。
⑤ m＋a＋N：可以接觸，普通業務把他當做C類客戶，但我會直接放棄。
⑥ m＋A＋n：放棄。
⑦ M＋a＋n：可以接觸，但應長期觀察、培養，使之具備另外兩個條件。
⑧ m＋a＋n：非目標客戶，停止接觸。

02 經營關鍵人物勝過拜見大人物

我們知道，**目標客戶必須符合三個條件：有需求、是第一關鍵人、有付款能力**。而弄清楚當前的人是不是目標客戶、是不是關鍵人、是第幾順位關鍵人，也是我們開發客戶的關鍵依據。在本節中，我將為大家詳細講解如何快速判斷當前的人是不是關鍵人。

如何快速判斷客戶是否是關鍵人

在銷售的過程中，可能你接觸到的只是公司主管，他們會對你的產品推介表現得非常感興趣。當你以為有機會時，他們卻表明自己不能做主，這時你就需要重新花時間與關鍵人接觸、溝通，這樣一來，既費時間又降低了工作效率。這實際上就相當於將一個B類、C類客戶，錯誤的定義為了A類客戶（參考第七章）。

那麼，我們如何快速判斷自己所接洽到的人是否為關鍵人呢？通常，你可以從自己與對方打交道的幾個方面來判斷。

■ 透過名片上的職務判斷

一般來說，我們與客戶見面時，都會互相遞名片，透過名片我們就可以判斷對方是不是關鍵人。比如，我們可以查看對方名片上的職位，**如果上面寫著「副總經理」、「總經理」、「董事長」之類的職位，那麼這個人就是關鍵人。**

雖然以上職位的人大都是關鍵人，但你還需要了解對方是第一，還是第二或第三關鍵人，這也是很重要的一環。

■ 透過聯合創辦人判斷

如今，很多創業公司都會有聯合創始人，有的公司甚至有三到四個聯合創始人，這時我們可以透過聯合創始人去了解他是否為第一關鍵人。

比如，對方的名片上面寫著「聯合創始人」，但他實際上不是CEO。那麼，我們可以這樣和他

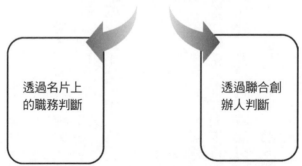

▲ 圖 3-2 如何快速判斷客戶是否是第一關鍵人？

溝通：「這件事我們要定下來的話，公司需要走什麼樣的流程？」

如果對方說：「這件事要定下來，公司還要開會討論。」聽到這裡，你就會明白，他是關鍵人，但不是唯一的關鍵人。你要成功的把東西銷售出去，拿到訂單，必須得到公司裡所有關鍵人，或是大部分的認可。

也就是說，從中我們可以知道他不是最大的股東，只是股東之一，最終的購買決策還要經過CEO批准。這時，你還需要跟他確認他的簽字權，比如你的客單價是二十萬到四十萬元，那麼他是否擁有二十萬到四十萬元的批准購買的權力。

需要注意的是，身為業務員，在判斷關鍵人這個關鍵點上，不僅要判斷對方是不是關鍵人，還要判斷在銷售的過程中，會有哪些因素阻礙你的最終成交，即你的成交機率有多少。比如，當你了解對方是不是第一關鍵人後，還需要進一步了解對方會不會引進競爭對手，也就是說，對方的朋友是否在和你賣同樣的產品。如果是，那麼你成功的機率可能就會減小。

哪些人涉及簽字付款流程？

當以上內容都了解清楚後，接下來，你還要了解簽字付款的審核流程。比如，你的產品是人力資源管理軟體，那麼你的審核流程裡就會涉及CPO（首席流程官）；如果你的產品是銷售管理軟體，那麼你的審核流程裡會涉及SVP（超級副總裁）；如果你的產品是財務管理軟體，那麼你的審核流程裡會涉及財務主管或經理；如果你的產品有關「企業文化」，那麼你的審核流程裡會涉及公司的HR。這個過程對於你進行客戶分類，也是至關重要的。

通常，以上這些內容都是需要業務員花時間去了解的，你了解得越詳細，你對客戶的劃分就越準確，你銷售成功的機率就會越大；你了解得越膚淺，你對客戶劃分的失誤率就越高，你失敗的機率就會越大。想成為頂尖業務，我們一定要想辦法提高工作效率、成交機率和業績。迅速找準關鍵人，可以幫助我們準確的進行客戶劃分，並且透過客戶分類快速推動客戶，實現最快簽約。

03 把對手的客戶變我的客戶

在我們的銷售過程中，相信大家都曾遇到過這樣的情況：你開發了一個新客戶，已經到了簽單階段，這時突然殺出個「程咬金」（競爭對手），不費吹灰之力的把你的客戶搶走了，剩下你一個人獨自在風中飄零。

那麼，既然競爭對手能從我們手裡搶客戶，我們為何不能從他們手裡搶客戶呢？其實，從競爭對手手裡搶客戶是開發目標客戶最好的技巧之一。為何如此說呢？

試想一下，如果你是一名SaaS[1]軟體的業務員，你認為你的軟體的功能比競爭對手要好，你就應該帶著這份自信去找競爭對手簽約的客戶，把他搶過來。相較於陌生拜訪客戶來說，競爭對手的客戶是成熟的客戶，並且已經在使用其他軟體了，而在使用的過

1 SaaS：Software as a Service，軟體即服務。一種透過網際網路提供軟體的模式，使用者無須安裝軟體，就可以在網頁上連線使用軟體，如Gmail、Microsoft Office 365。

程中，對方可能有不滿意的地方，那麼這就是你的機會。同樣的道理，一個在Yahoo!奇摩上投放廣告的客戶，他就有可能在其他平臺上投放廣告；一個在其他地方參加研習的客戶，他就有可能到你的公司參加研習。

身為業務員，我們一定要明白這個開發目標客戶的技巧：**競爭對手的客戶是目標客戶，是最容易變成你的客戶的客戶**。

那麼，如果我們心儀的客戶已經有了固定的供應商，我們該如何從「路人」到「備胎」，步步為營，最終搞定「元配」（競爭對手），成功上位呢？下面，我透過兩個真實的案例，來分享一下從競爭對手手裡搶客戶的技巧。

根據客戶與競爭對手合作的效果來搶客戶

在阿里巴巴做業務時，我有一個客戶是浙江杭州一家大型進出口集團，像這樣的公司，他們是從來不會缺訂單的。我找到他們的時候，他們剛好與我們的競爭對手簽了一筆兩百萬元的大單。為了把這個客戶搶過來，我刻意找了我的上司和我一起去說服對方，結果卻不盡人意——被拒絕了。

回到公司後，我很不服氣，心想這麼好的公司，竟然被競爭對手拿走，我一定要想辦法從競爭對手那裡「搶」過來。於是，我做出了以下三大努力：

首先，**了解競爭對手的同行客戶**。我透過瀏覽競爭對手的網站，發現他們只有一個同行客戶，這就意味著對方的供應商和買家很少。對比我們公司的網站，我發現我們有很多供應商，這便是我們的優勢所在。

其次，**搜羅更多有利資訊**。知道我們的優勢之後，我開始搜羅更多有利資訊。比如，我們這個行業在全球是怎樣推廣的、我們每年會參加哪些展覽會、我們的買家分布在哪些國家……並把這些有利的資訊做成資料。

然後，**聯繫客戶**。我拿著這些資料開始聯繫客戶，在電話裡，我透過資料向其證明了自己公司比競爭對手更有優勢，並要求和第一關鍵人溝通，阻攔客戶付款給競爭對手。在我的銷售話術下，我成功的取得了再次見面的機會，並最終贏得了客戶。

以上就是我從競爭對手手裡搶客戶的真實案例。透過我的案例，至少可以總結出以下三種從競爭對手手裡搶客戶的方法：

▣ 競爭對手與客戶合作滿意，如何搶？

當客戶跟你的競爭對手合作效果很好時，你首先應該分析一下客戶的狀態。如果客戶非常認可競爭對手產品的價值或服務，那麼你就應該努力去提升自身產品的價值和服務，同時開拓新的管道，提煉新的價值。

▣ **當競爭對手與客戶合作一般，如何搶？**

當客戶跟你的競爭對手合作效果一般時，就說明客戶還有疑慮，這個疑慮很可能是競爭對手的產品或服務，讓他有一些不好的體驗。這時，你需要做的就是向客戶闡明你和競爭對手不一樣的價值或不一樣的地方。在突出價值時，你需要拿出具體的案例和資料去輔助說明問題，以打消客戶的疑慮。

▣ **當競爭對手與客戶合作不滿意，如何搶？**

當客戶跟你的競爭對手合作起來效果不滿意時，你需要做的就是去調查一下，客戶到底對你的競爭對手有哪些不滿意，不滿意的地方具體在哪裡。只有當你了解客戶對競爭對手的產品或者價值不滿意的具體原因後，你才能對症下藥，然後再向客戶強調你的產品或服務的價值。

以上就是三種不同情況下搶競爭對手客戶的不同方法，需要提醒大家的是，千萬**不要把同一個方法用在不同的客戶身上，應該視具體情況具體分析**。

針對客戶的需求與痛點給予解決方案

有一天，一個業務員沮喪的告訴我，他的一個重要客戶被競爭對手搶走，並且已經簽完合約，第二天就要付款了。為何他會如此在乎這個客戶呢？因為這個客戶占了他當月三分之一的業績，如果他失去了這個客戶，就意味著他當月的業績無法達成。

看到他一臉頹廢的樣子，我決定幫幫他。於是我對他說：「沒關係，我明天去拜訪他，你把具體的情況告訴我。」

透過他的敘述，我了解到這個客戶的產品很好，今年想提高一億兩千萬元的營業額。了解到這些詳細情況後，我的心裡有了底，開始在腦海裡計畫如何把這個客戶搶回來。思索再三後，我對這個業務員說：「你把同行業做的成功案例梳理出來，明天我們一起去拜訪他。」

第二天早上九點，我和這個業務員拜訪了客戶。當客戶見到我們時，他非常不屑，一副愛談不談的樣子。見此情景，我運用了以下銷售話術：

我：「王總，我聽赫瑞說，你的這個產品不錯，他也跟了很久，所以我們過來拜訪你一下，看看有什麼能幫上忙的，或者給你一些建議？」

客戶：「那你們隨便說吧，我給你們五分鐘。」

我：「我想了解一下你們今年的外貿目標是多少？」

客戶：「今年我們要新增一億兩千萬元。」

我：「那你準備好了能達成一億兩千萬元新增業績的外貿團隊嗎？」

客戶：「我們從零開始，我們準備找幾個外貿人員開始做這件事情。」（客戶在說這句話時，愣了一下）

我：「據我所知，如果今年要達成一億兩千萬元的目標的話，我們至少需要一支能達成目標的團隊。那你有沒有想過如何去組建這個團隊？如何培訓？如何培養？需要多長時間，才能把他們培養成有拿到一億兩千萬元訂單能力的團隊？」

客戶：「我還沒想過，那我們應該怎麼辦呢？」（客戶在說這句話的時候語氣由原來的頤指氣使變得溫和起來，原因就在於我戳到了他最核心的痛點——沒有完成目標的團隊。）

我：「你們跟對方簽協議，對方沒有給你們這個方面的幫助和建議嗎？也太不負責任了吧，你們想做一億兩千萬元？如何達成？團隊如何組建？團隊如何訓練？有了詢價，如何應對？詢價的轉化率從一％到一〇％，如何跟進？」

客戶：「那你們有什麼好辦法嗎？」

我：「這就是我們今天來的目的。我們估計你們可能會在這個方面有一些困惑，我們過來就是要跟你們一起探討一下，該如何去達成這個目標。」

客戶：「那你能不能教教我們如何做？」（客戶的語氣變得充滿渴望。）

我：「我們不是來教你們的，我們只是來一起探討一下。我們這邊是這樣做的……如果你們與我們合作，我們會教你招募什麼樣的外貿人員，要徵幾個，教你如何從零開始，把團隊培養起來。你還需要一個有能力的外貿經理，這樣他可以帶三到五個外貿人員，這樣你今年做一億兩千萬元，明年可能會做到兩億四千萬元……第一，招募我們是如何做的……第二，訓練如何做……第三……。」（我把詳細的做法全部講給客戶聽）

客戶：「嗯嗯，你說得太對了。」（客戶開始認可我，要助理幫我泡了茶）

我：「如果你認可阿里巴巴，認可我們，我們有一個培養標竿計畫，我們會有一些相應的資源贈送，我們可以把展覽會手冊上的廣告頁面送給你，這個廣告頁面位是買不到的，我們是免費贈送給你的……關於外貿人才呢，我請赫瑞幫你推薦人才……」。

客戶：「你說得對，那我們應該怎麼辦呢？」

我：「赫瑞，趕緊把合約簽一下。」

到此為止，我們成功的拿下了這個本來已經被競爭對手搶走的客戶。透過這個案例，我想跟大家分享一下搶競爭對手客戶的另外三大技巧：

■ 從銷售的角度去看待問題

首先，業務員（赫瑞）是很優秀的，對客戶的跟進做得非常好。他能及時的知道這個客戶已經被競爭對手搶走了，簽合約但還沒有付款。一旦付款了，我們即使做再多的努力，也將是無用。

■ 從管理者的角度去看待問題

當業務員把資訊回饋到我們這裡，作為管理者的我們要及時的幫助他們。那怕只有一%的機會，我們也要爭取一下。

■ 抓住客戶的痛點設定銷售話術

在見客戶之前，我們要有一套解決方案。不能盲目的去見客戶，我們要有一套銷售話術去應對。比如，當我了解到客戶要提高一億兩千萬元的業績，而競爭對手在服務、培養團隊方面可能較遜色一些，這是我們最大的價值，所以我就設定了這樣的話術，引導對方認可我們的價值。

為何我的銷售話術會如此有用呢？這是因為，我把握住了客戶要實現一億兩千萬元新增業績目標卻沒有團隊的痛點，而我們正好有能力可以幫客戶做到這一點。

行文至此，關於如何開發目標客戶之從競爭對手手裡「搶」客戶的技巧，我已經全部告訴大家了。只要你善於學習，並勤於實踐，那麼我相信你一定能從競爭對手手裡「搶」走客戶，成為頂尖業務。

04 以客養客，我用十分鐘就拿到潛在名單

業務員開發目標客戶，有一種巧妙而有效的方法，那就是客戶轉介紹。所謂客戶轉介紹，就是請你的客戶或在行業中有影響力的人，幫你介紹客戶。客戶轉介紹是頂尖業務開發目標客戶最主要的方法之一。

透過轉介紹，不但可以減少初次拜訪的陌生感，同時又有介紹者的認可，更具說服力，較容易贏得目標客戶的認可，促成簽單。比如，你今天拜訪了一個客戶，他可能沒有簽單，但透過和你的溝通，他對你以及你的產品都非常認可。這時，你可以使用這樣的銷售話術讓對方幫你介紹客戶：

感謝你信任我公司的產品。像你這樣的成功人士，周圍一定有不少的朋友，也需要我們的產品，如果有，請你幫我做個引薦。你放心，如果他不願意買，我一定不會勉強的，你看怎麼樣？

出於對你以及你產品的認可，對方有八〇％的機率會把對產品有需求的朋友介紹給你，而這些客戶就是你的目標客戶。**客戶轉介紹是一種非常實用的開發目標客戶的方法。**在實際的銷售過程中，我常會運用到它。

我在阿里巴巴做業務時，因當時做的是外貿，所以我們要開發的目標客戶，就是想做外貿或已經在做外貿的客戶。當時，很多人的做法是去一層一層的「掃樓」，但我沒有這樣做。在我看來，一層一層的敲門，不僅浪費時間，還有八〇％的可能會被拒之門外。

我的做法是，直接找到負責工業企業相關工作的副鎮長，對他說：「我代表阿里巴巴，我來是想幫助你們鎮裡想做出口的新興企業，幫助你們把真正的外貿管道和推廣建立起來。請你幫忙看一下，你鎮裡有哪些你熟悉的企業，正好想做外貿或者已經在做外貿，能不能幫我推薦幾家。我去拜訪一下，看看他們是否有這樣的意願？」

聽到我這樣說後，副鎮長非常開心。他立即拿出紙和筆，前後花了十分鐘左右時間，把做外貿企業老闆的名字、電話號碼、年齡等情況向我詳細的做了介紹。透過副鎮長的介紹，我就可以從中分析企業是否有付款能力，以確認對方是不是我的目標客戶。

你瞧，我就這樣用十分鐘便拿到了我的目標客戶名單，而這十分鐘的時間，可能比很多人用半年的時間「掃樓」或「掃街」更有效果。說到這裡，很多業務員或許會想：「在實際銷售中，我們要如何找到像副鎮長這樣的『大人物』幫我們做介紹？」

很簡單，拿出你的勇氣，不要怕。在現實中，我經常看到很多業務員不好意思開口請已有的客戶為自己介紹客戶，其中的原因可能是怕沒面子，可能是怕開口後遭受拒絕，也可能是擔心這個動作會給客戶帶來麻煩等。總之，表現在實際中，就是對已有的客戶絕口不提轉介紹的事情。

業務要做得好，一定要靠轉介紹

事實上，業務就是一份需要勇氣的事業。如果你想找像副鎮長這樣的「大人物」幫你介紹目標客戶，就直接到該鎮的辦公廳裡，查看一下誰是負責工業的，然後直接去拜訪。你要在心裡告訴自己，「我是過來幫助企業去拓展外貿的」。你的這份自信和熱情會感染到所有人，自然也會有人願意幫助你。

拿到副鎮長的客戶名單後，我就坐在樹蔭下打電話，對我的目標客戶說：「王總，我是阿里巴巴的業務員賀學友，我過來拜訪〇副鎮長，想幫助本地一些想做外貿的企業拓展市場，〇副鎮長把你推薦給了我。不知道你什麼時候方便，我過去拜訪你一下？」

對方說：「好，那我們約在明天下午。」

為什麼對方會說「好」呢？因為我是副鎮長介紹的人。到此，我不僅拿到了目標客戶的名單，還成功邀約到了第一關鍵人。最後的結果是，副鎮長給我介紹的五家客戶中，在一個月內成交了四家。透過我的真實案例，我們可以學到以下兩點：

首先，**客戶轉介紹的客戶大都是目標客戶**。因為客戶和對方很熟悉，了解他的需求，所以，客戶轉介紹的客戶符合目標客戶的三大標準：有需求、是第一關鍵人、有付款能力。

其次，**請客戶幫忙轉介紹時，不要貪心**。不要一開始就要客戶給你推薦十家，這樣容易引起人的反感心理。正常的情況下，我們請客戶推薦三**到五家**最為合適。

說到這裡，很多業務員會問：「我們應該如何打動轉介紹人，請他幫我們介紹客戶呢？」

事實上，要想打動轉介紹人，有如圖3-3這兩個方法。

▣ 用價值去打動對方

首先，我們要了解這個轉介紹人是否在該領域或行業，也就是說在我們的潛在客戶群裡有一定的影響力。只有在有影響力的前提

圖 3-3 打動轉介紹人的兩個方法

下，他所介紹的客戶才是目標客戶。在與這樣的介紹人交流時，我們需要讓他知道，我們可以給他提供價值上的幫助，也就是用價值去打動對方，這是第一優先順序。

那麼，我們要用什麼樣的「價值」去打動轉介紹人呢？簡單來說，就是要用你所銷售的產品或服務，對轉介紹人的朋友所具有的極大幫助和提升作用。

▣ 適當支付一些相應的介紹費

為了讓轉介紹人有一定的動力，在他做這件事對他的朋友有極大幫助的前提下，你可以適當支付一些介紹費。需要注意的是，這一點需要在第一優先順序成立的情況下，才能使用，不然他是不會做的。因為在領域或行業有一定影響力的人，他的社會地位往往都是較高的，他並不缺這點介紹費，而是基於這件事對他的朋友有價值，他才願意介紹。

透過轉介紹只是獲得了目標客戶的資訊，接下來你還需要根據自己掌握的資料，認真對目標客戶進行篩選，選擇可能性最高和購買實力最強的目標客戶，鎖定主攻對象。鎖定目標客戶後，就可以選擇恰當的拜訪時間、拜訪方式、拜訪話題，精心為目標客戶設計購買計畫。如此雙管齊下，作用更為明顯，往往會事半功倍。

05 同行推薦和該行業前二十名的客戶

要開發目標客戶，除了前面三大技巧之外，還有以下技巧值得參考。

同行推薦

所謂的同管道推薦客戶，就是與同管道的、和目標客戶打過交道的其他公司合作，透過他們去尋找目標客戶。

比如，你的客戶群體是企業人力資源部門的副總裁或經理，那麼你就可以找之前與人力資源部門這幾個單位，有過業務往來的那些公司或公司裡的業務人員，與他們達成合作。既然大家的目標客戶都是一樣的，那為什麼不攜手同行、資源分享、合作共贏呢？

通常，你所合作的那些公司或業務員因為已經與你的目標客戶打過交道，所以對於目標客戶的情況，比如他們有什麼需求、他們現在是什麼情況等，都是非常清楚的。這種同管道推薦客戶的方式，也是最容易快速獲得目標客戶的一個重要途徑。

需要注意的是，當你在選擇合作方式時，應該視情況而定，既可以選擇與同管道的公司合作，也可以選擇與公司裡具體的業務員合作。

行業前二十名的客戶

在某一行業排名位於前二十名的企業，也可以成為我們最好的目標客戶。首先，這些企業非常好找，在網路上一搜尋相關行業的企業排名就可以得到；其次，這些前二十名企業的購買力和付款能力是毋庸置疑的。在確定這些企業是否是我們的精準目標的過程中，我們只需要做兩件事：**第一，弄清楚它們對我們的產品有沒有需求；第二，找到這些企業的第一關鍵人**。

在確定了這二十家企業中有哪些企業是你的目標客戶後，你就可以採取行動了。若這些企業中，某些企業恰好還不是你競爭對手的客戶，那麼你的機會就來了。你首先要做的，就是抓住機會，一舉拿下這些客戶。

當然，有些人可能會說，我就喜歡陌生拜訪，我就是願意挑戰微乎其微的成功機率，我就是願意每天跑客戶累得要死，即便三個月都簽不了一單我也不介意，那麼我想，即便是上帝也救不了你。

總之，記住一句話：只有精準開發目標客戶，你的銷售才能做到事半功倍。

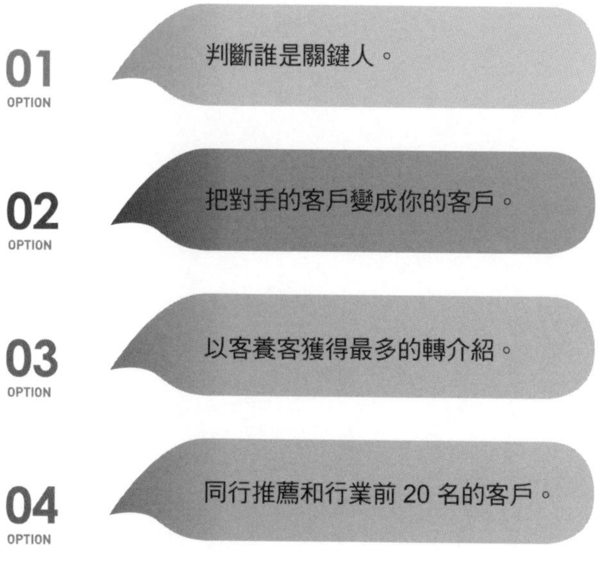
01
OPTION
判斷誰是關鍵人。
02
OPTION
把對手的客戶變成你的客戶。
03
OPTION
以客養客獲得最多的轉介紹。
04
OPTION
同行推薦和行業前 20 名的客戶。

圖 3-4 開發目標客戶的四大技巧

第四章

阿里鐵軍不外傳的祕密武器：銷售簡報

SK 即 Sales Kits，也稱「銷售工具」。Sales Kits 是客戶獲取公司資訊和產品資訊的重要途徑，體現的是業務員的銷售思路。一份好的 Sales Kits，能夠讓業務員如虎添翼，更順利的取得銷售戰場上的勝利。

01 見客戶，不能只帶一張嘴

當業務員找到了目標客戶後，就要開始著手準備銷售工具了。在阿里巴巴，我們將銷售工具稱為「Sales Kits」。

銷售工具在銷售的過程中十分關鍵，它能讓你在和客戶談判時更加應對自如。比如，當你去跟客戶溝通產品和服務時，在溝通的過程中，客戶難免會提出很多問題。這時，你就可以拿出銷售工具，翻到針對客戶問題的那一頁，展示給客戶看。

然而，在實際的銷售中，我接觸到的很多業務員並沒有銷售工具的概念。當他們去拜訪客戶時，往往只帶著一張嘴和簡單的公司資料。這樣的銷售方式，註定無法取得滿意的銷售結果。

在談判的過程中常會遇到各式各樣的問題，此時銷售工具對於銷售成敗至關重要。那麼，究竟什麼是銷售工具？它是由哪些內容構成？設計原則又有哪些呢？下面，我將為大家詳細介紹。

銷售工具的四大構成

一般來說，一份完整的銷售工具應該包含如圖4-1四個方面的內容。

▣ 公司的介紹

這部分內容又包括公司概況、公司發展狀況、公司文化、公司綜合實力、公司在行業中的地位等。介紹要做到盡量簡短、一目瞭然，讓客戶能在短時間內準確了解。

▣ 產品或服務的介紹

例如，公司的產品或服務的類別、特色、競爭力等。在介紹產品或服務時，一定要突出優勢。

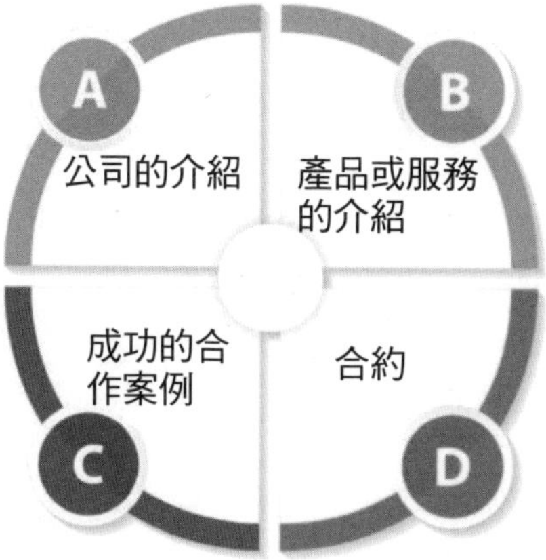

圖 4-1　完整的銷售工具應該包含的四個內容

◘ 成功的合作案例

合作案例又可以分為全國範圍內的合作案例、本地的合作案例、競爭對手的案例等幾大類別。在介紹成功合作案例時，要盡量列舉知名品牌的合作案例，並做到圖文並茂。

◘ 合約

拜訪客戶的目的是為了簽約，所以要準備好合約，在適當的時候提出簽約。

需要注意的是，銷售工具體現的是業務員的銷售思路，一份好的銷售工具究竟應該包含哪些內容，並沒有統一的標準答案，而是應該根據實際的需要去製作。

此外，除了必要的銷售工具外，在拜訪客戶的過程中，我們還需要準備一些銷售輔助工具。比如，你的銷售工具採取的是簡報展示的形式，那麼在去拜見客戶之前，你就需要準備一臺電腦，並且確定你的電腦已經充飽電；如果在談完之後你準備給客戶留下一份資料，那麼，這份資料也是你需要精心準備好的；在銷售的過程中，很多客戶談到中途會離開，此時，如果你需要給對方留下一張便條紙，那麼必要的便條紙就必不可少。

02 萬一客戶不想聽，留資料也可以

銷售工具是銷售過程中的靈魂，體現的是業務員的銷售思路。在拜訪客戶的過程中，客戶除了要聽業務員介紹，還需要從銷售工具中獲取產品資訊。一份專業的銷售工具，可以為銷售增光添色，讓客戶更加了解企業、了解產品、了解業務員，並且給其留下良好的印象。

具體來說，銷售工具的重要性主要體現在以下幾個方面（見下頁圖4-2）：

▣ 代表著一種銷售禮儀

我見過許多業務員去拜訪客戶時，什麼資料都不帶，就帶著一張嘴。我非常不贊同這種做法。一方面，當你去拜訪客戶時，如果空手而去，就會顯得不合禮儀，不尊重客戶。另一方面，如今的銷售已經不同以往，當你走出去時，所代表的是公司的形象，並且還承擔著整個公司的市場行銷職責。因此，在拜訪客戶時，一份代表尊重的銷售工具就顯得至關重要。

▣ 有助於產品的展示

生活中，大家應該都有過這樣的經驗：看電影時，如果只聽聲音不看畫面，那麼在腦海中就無法對整部電影形成具體的印象；只有既看畫面又聽聲音，整部電影的形象才會生動。同樣的，當你在和客戶溝通時，光說是不夠的，還要有視覺上的刺激。只有當聲音配上畫面，才能產生最完美的溝通效果。

儘管從物理學的角度來說，視覺體系和語言體系分屬於兩個不同的獨立體系，但只有將它們結合起來使用，才能達到一加一大於二的效果。也就是說，當我們在用語言向客戶介紹公司或推銷產品時，如果能讓客戶看到具體的畫面，那麼所達到的銷售效果，就會比客戶只聽不看，或者只看不聽的效果好得多。

當然，大多數時候，業務員並不會隨身攜帶

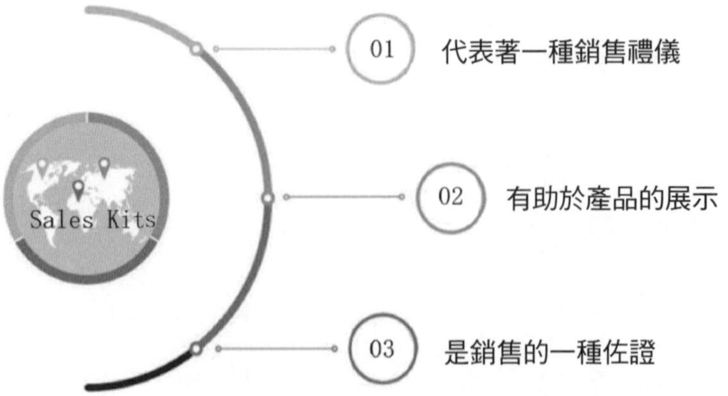
Sales Kits
01
代表著一種銷售禮儀
02
有助於產品的展示
03
是銷售的一種佐證

▲ 圖 4-2 銷售工具的重要性

自己的產品，尤其是那些賣虛擬產品或大件產品的業務員，此時，我們就需要借助銷售工具，向客戶展示公司或產品。

比如，你是一個家電銷售員，當你在拜訪客戶時，你一定不可能隨身攜帶家電產品，你可以透過銷售工具，向客戶展示你的產品，給客戶更直觀的感受。

▣是一種銷售佐證

我們在和客戶進行銷售談判時，當談到了某個比較關鍵、嚴肅、敏感的話題，或者為了謹慎起見，就需要用一些數字或資料去對我們的話語進行佐證，給客戶更好的參考。這時，銷售工具就成了當仁不讓的最佳選擇。

很多時候，你把自己的產品吹得天花亂墜，可是客戶卻無法感同身受。同樣的情景，如果你能借助銷售工具，做到有圖有真相，讓客戶透過畫面直觀感受到產品的優勢和客戶的好評，所產生的效果一定比你一個人滔滔不絕的說要好得多。

除此之外，銷售工具還能讓客戶按照我們的意願去進行思考。比如，當你第一次去嘗試跟客戶簽單時，如果談不下來，你就可以給客戶留一份資料。因為你前面已經做好了鋪墊，客戶如果對你的產品感興趣，他就有可能會根據你留下的資料，搜尋查閱更多的相關資訊。這樣，你就會在不知不覺中引導客戶的思考方向。

從以上三點可以看出，銷售工具的重要性。然而，在實際的銷售過程中，我發現許多業務員其實是不會使用銷售工具的。比如，有的業務員在講到某個話題、需要快速翻到對應的那一頁時，總是老半天翻不到；有的業務員在銷售的過程中，眼睛始終無法離開銷售工具。這些不當的操作，都說明了這些業務員不熟悉銷售工具，不僅對銷售沒有任何幫助，反而還會適得其反，讓客戶感覺業務員不夠專業。

其實，銷售工具的使用是有一定技巧的。簡而言之，就是要做到眼睛盯著客戶的眼睛看，而不是盯著銷售工具的情況下，你的嘴巴說到哪，銷售工具就翻到哪。比如，當你說到你的公司在哪一年獲得了誰的投資時，你的手就要迅速動起來，將銷售工具準確翻閱到與之對應的那一頁，而你的眼睛則應該始終平視對方，觀察客戶的反應和變化，為你接下來的分析和判斷提供更多依據。

當然，要做到這一點沒有別的訣竅，唯一的途徑就是勤學苦練。正所謂熟能生巧，當你練的次數多了，你就能將銷售工具運用得爐火純青，讓它產生最大效應。過去在阿里巴巴，我幾乎每週、每月都會更新一次資料，所以我的銷售工具是大家學習模仿的對象。

03 針對不同對象設計不同版本

雖然銷售工具所需包含的具體內容並沒有特別的限定，但這並不意味著我們可以隨心所欲的製作和設計。

通常，在設計銷售工具時，應該遵循以下三個原則（見下頁圖4-3）：

▣ 一定要體現出銷售思路

當你去拜訪客戶時，你的心裡一定會有一個大致的拜訪框架和核心的銷售思路。一份專業的銷售工具一定是可以和你的銷售思路融為一體的，它能在拜訪的現場將你的想法和觀念直觀傳遞給客戶。所以，在設計時，一定要按照你的銷售思路去填充內容。

比如，你的銷售思路的第一步是講公司的實力，那麼你的第一部分內容，就應該是能證明公司實力的文字、圖片或資料；如果你的銷售思路的第二步是拋產品，那麼你的第二部分內容就應該是產品介紹。

總之，你製作出來的銷售工具一定要能體現出你的銷售思路。

■ **具有個性化，針對不同的客戶設計不同的版本**

很多業務員在製作銷售工具時，總是習慣於套用公司提供的宣傳文件，這樣設計出來的銷售工具最多只能叫業務資料，是毫無吸引力的。銷售工具反映的是你的銷售思路，所以在製作時，一定要體現出你的風格和個性，避免千篇一律。

此外，你在設計工具的時候，還要充分考慮到客戶的性格、需求和關注點，弄清楚客戶是屬於孔雀風格、貓頭鷹風格，還是無尾熊風格、老虎風格（參見第五章），然後再根據客戶的不同情況，設計出更適合他們的客製化版本，讓銷售工具產生最大效用。

■ **控制在一定的時間內**

在設計銷售工具時，你還要弄清楚你準備花費多長時間進行介紹，並且在製作時，根據這個設定

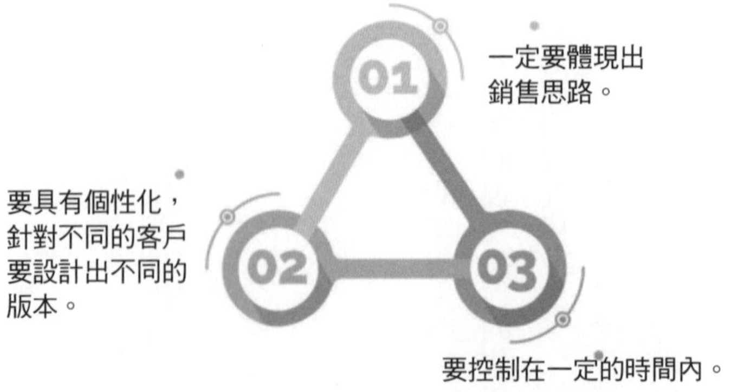
01
一定要體現出
銷售思路。
02
要具有個性化，
針對不同的客戶
要設計出不同的
版本。
03
要控制在一定的時間內。

◎ 圖 4-3 設計 Sales Kits 應遵循的三個原則

的時間去填充相應的內容。

介紹了銷售工具的構成內容和設計原則之後，希望大家都能夠學以致用。記住，銷售工具是業務員的祕密武器，在銷售的過程中善用銷售工具，你的頂尖業務晉級之路就會更順暢。

04 製作銷售簡報七步驟

在前面的內容中，我們已經知道一份完整的銷售工具的構成、設計原則、重要性及使用方法。那麼，銷售工具的表現形式究竟有哪些呢？

隨著科技的不斷更新換代，銷售工具的表現形式已經不再拘泥於紙質的銷售手冊，而呈現出了多元化的態勢，比如簡報、Word 檔以及 HTML5 等。當然，大多數業務員最熟悉、最喜歡使用的還是簡報模式。所以，接下來我將和大家具體聊一聊，如何製作一份專業的銷售簡報。

許多業務員在製作簡報時總是會傷透腦筋。其實大可不必，只要掌握了一定的方法和技巧，按照一定的思路，製作出令人滿意的簡報並不難。

七步驟，讓你的銷售簡報一目瞭然

製作簡報是有一定方法的，總結起來，主要有以下七個步驟：

1. 用一句話概括產品

顧名思義，就是用最簡短的話語介紹你所要推銷的產品。

2. 企業介紹

在企業介紹中，你需要透過簡報告訴客戶你的企業是做什麼的、在行業內有什麼優勢、取得了什麼樣的成就、目前的現狀，以及未來的發展趨勢如何等。

3. 客戶痛點

首先，你要點明客戶的痛點，並對這個痛點的真實性進行闡述。

接下來，你要說明你的產品能夠為客戶帶來哪些好處，並且至少提出兩個激勵客戶產生購買欲望的因素。

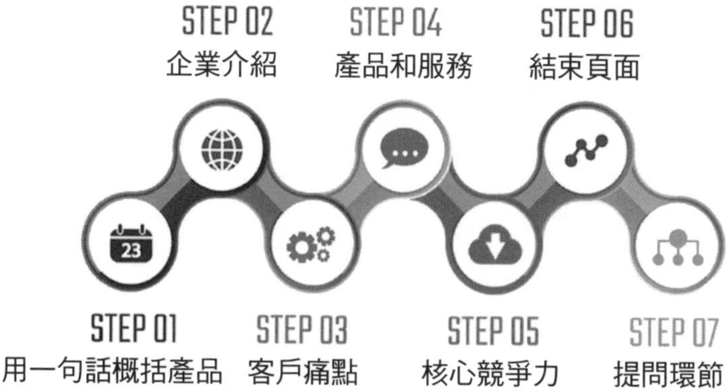

圖 4-4 製作銷售簡報的七個步驟

4. 產品和服務

你需要透過簡報闡明三點內容：第一，**業務邏輯**，主要包括合作流程、售後服務等；第二，**價值主張**，針對客戶痛點，至少列出三點解決方案和產品的實用意義；第三，**產品形態**，即你的產品是以什麼形式呈現的。

5. 核心競爭力

核心競爭力一般包括三個方面的內容：第一，**產品優勢**，即你的產品和競爭產品相比具有哪些特色，哪些功能是你的產品有，而競爭產品卻沒有的；第二，**資源優勢**，展示自己已經擁有的客戶以及成功的經典案例；第三，**團隊優勢**，展示自己公司的實力。

6. 結束頁面

結束頁面應該包括第一，**聯繫方式**，包括手機號碼、行動條碼 QR Code、公司地址、公司網址、公司電話等；第二，**結語**，可以是對產品優勢的再次強調，也可以表達對合作的期待；第三，**公司 Logo**，在結語的後面，一定要加上公司 Logo。

7. 提問環節

之所以將這一點單獨列在簡報裡，是為了方便客戶針對簡報的內容進行提問。這也是你和客戶進行交流互動的重要機會。

五個絕招，讓你的簡報更有說服力

前面七個步驟是我們製作簡報的基本思路，但一個具有說服力的完美簡報，光有思路是不夠的，還需要在製作上多花心思。

▣ 切忌堆砌文字

許多業務員總是抱有這樣的錯誤觀念，認為製作簡報就是對公司背景、產品簡介等內容進行複製貼上。

事實上，簡報的本質在於視覺化和形象化，它可以將原來看不見、摸不著、晦澀難懂的文字，轉化為圖表、圖片、聲音、動畫等形式。

所以，在製作簡報的時候，一個最大的原則就是切忌堆砌文字，要做到圖文結合、通俗易懂。

▣ 邏輯清晰最重要

任何事物都是具有兩面性的，簡報的優點很多，可是缺點也不容忽視。具體來說，簡報的缺點主要體現在兩大方面：第一，邏輯抽象，難以把握；第二，簡報一頁一頁下翻的特點，決定了它一次只能看一頁內容，對於前面的內容，只能靠記憶。

針對簡報的這兩大缺點，我們能採取的積極應對措施就是，在製作內容時保持嚴密的邏輯。

▣ 設計要有創意

一個完美的簡報應該具有**賞心悅目**、**客戶能產生好感**、**能夠贏得客戶的信任**這三大特質。要滿足這三點，我們首先要在簡報的設計上下功夫。要知道，內容上的好壞一時難以評價，但形式上的優劣卻是一目瞭然的。

▣ 杜絕炫技

動畫播放功能是簡報的一大特色，在設計簡報時，適當加入一些特效能讓我們的簡報變得更生動。但需要注意的是，銷售簡報的本質還是一種銷售輔助工具，如果在設計中加入了太多動畫和特效，也可能會適得其反，讓客戶看得疲憊甚至產生反感。

■ 多用圖表說明問題

在製作銷售簡報時，或多或少都會涉及一些資料。對於這些資料，最好是用圖表的形式展現，這樣做的好處是可以讓簡報擺脫大段大段的文字敘述，使整體畫面更清晰明瞭。

好的簡報是需要策劃的。俗話說，磨刀不誤砍柴工，策劃簡報的過程，實際上也是一個為銷售成功鋪橋築路的過程，業務員應該要重視。

第五章

拜訪有 SOP，這樣做效率最高

在銷售中，拜訪是業務員最基礎、最日常的工作之一。一場高效的客戶拜訪，既能節省時間成本，又能為簽單成功奠定基礎。

01 替客戶想一個必須見你的理由

在拜訪客戶之前，我們首先要跟客戶進行預約。在銷售中，預約客戶是非常關鍵的一個步驟，它是業務員順利簽單的重要踏板。一旦業務員透過預約，成功爭取到了拜訪客戶的機會，那麼，銷售就成功了一半。

相信大家都看過電影《當幸福來敲門》（*The Pursuit of Happyness*），影片的主人公克里斯．葛德納（Chris Gardner）是一名股票經紀人。有一次，他到客戶家去拜訪，雖然遭遇了拒絕，卻意外發現了客戶和兒子之間的矛盾。原來，客戶曾經答應過要陪喜愛橄欖球的兒子看一場球賽，可是由於工作太忙，一直沒有兌現承諾。捕捉到這個細節後，葛德納想盡辦法弄到一張橄欖球賽門票，成功約到客戶，也因此簽下了自己的第一張訂單。影片中的這個橋段，就是一個預約客戶的經典案例。

然而在實際的銷售中，我發現許多業務員並不會預約客戶。因為沒有掌握正確的要領，他們在預約客戶時，花了時間，也花了精力，預約成功率卻很低，給業務工作的進一步開展造成了阻礙。

預約的目的是為了爭取拜訪的機會，它絕不是打打電話、發發簡訊那麼簡單，而是一個講究技巧的過程。只要掌握了以下六大絕招，你的客戶預約之路就會變得更平坦。

帶著拜訪目的去預約

拜訪的目的就是預約的核心。那些成功的頂尖業務無外乎都是抓住了這一關鍵內容，在預約時，他們通常會帶著拜訪的目的。

首先，頂尖業務在預約前會弄清楚每一位客戶的狀態，即他是屬於A、B、C、D四種類型中的哪一類客戶（參考第七章）。因為不同狀態的客戶，拜訪的目的是不同的，在預約時所使用的銷售話術也會不同。

比如，A類客戶的簽單意識是最強的，在拜訪時，頂尖業務的目的就是為了簽單。那麼，在預約時，業務員就要按照這個目的去設計預約說辭。

其次，在每次拜訪客戶後，頂尖業務都會認真整理、記錄與客戶談話的核心內容。再次預約客戶的時候，他們會參考這些談話的內容，重新對客戶進行歸類，並精心準備預約說辭。

總之，**學會管理客戶，帶著拜訪目的去預約客戶，是預約成功的第一步**。

設計一個拜訪的理由

在拜訪客戶時，還要設計一個預約興趣點，通俗來說，就是要設計一個拜訪的理由。如果這個點設計得好，能夠讓客戶產生興趣，那麼，預約就成功了一半。

許多普通業務在預約的環節總是會卡住或被拒，主要原因就是因為沒有找到一個清晰明確的預約興趣點。比如，他們通常會這樣預約：

王總，今天下午你在不在公司？我正好路過你的公司，想來看看你。

王總，最近天氣很不錯，我想來拜訪一下你。

這樣的話語聽起來似乎沒有毛病，但實際上卻沒有表明拜訪的目的，對客戶也產生不了吸引力。站在客戶的角度，他們會想：我有什麼好「拜訪」的？然後，毫不猶豫的予以拒絕。

而頂尖業務在預約客戶時就不會犯這樣的錯誤，他們通常會這樣說：

王總，上次和你聊完以後，我受益匪淺，尤其是你對國際貿易形勢的分析真的很透澈。回來以後我消化了大半天，其中還有幾個點我不是很明白，你看我今天正好路過你這，想再向你討教、學習，可以嗎？我現在就在你樓下。

這段話中，拜訪的目的就很明確：向客戶討教、學習，實際上就是和客戶談簽單。當客戶聽到這樣的話語後，就會對業務員的拜訪產生興趣。而且，頂尖業務還刻意強調了「我現在就在樓下」，讓客戶不好意思拒絕。

從上面普通業務和頂尖業務在預約客戶時使用的不同話術中，我們可以總結出預約客戶時找準客戶興趣點的一個常用方法，即強調請教、學習、探討和分享。具體來說，就是向客戶強調上次拜訪完後，你還感覺意猶未盡，還想就這個話題繼續探討；或者，你有一個對客戶幫助很大的點，想過來和客戶分享。

我們都有分享的欲望和動機，也願意別人向自己學習，這種強調請教、學習、探討和分享的預約客戶話術，正是建立在這一基礎上。

掌握預約的主動權

讚美是世界上最動聽的語言，任何人都不會拒絕來自他人的讚美。在預約客戶時，恰如其分的讚美客戶，能夠錦上添花，讓他對你心生好感，從而願意見你。

當然，讚美客戶時也是有一定技巧的。比如，你可以巧妙的將對客戶的讚美隱藏在對上次拜訪的回饋中，向客戶傳達一種資訊，即你們的溝通是有效的，透過溝通，你受益匪淺。

在前文中我已經提到，當頂尖業務在預約客戶時，通常會在最後強調一句：「我已經在樓下了。」這實際上是掌握預約主動權的一種表現。所謂的掌握預約主動權，是指基於拒絕心理成本的原則，婉轉的告知客戶你已經在約定的地點，減少客戶拒絕，提高預約成功率。

把握最佳的預約時機

預約時機直接關係著預約的成功與否。結合我多年的銷售經驗，我總結出了預約客戶的兩個最佳時間段（見下頁圖5-1）。

▣ 中午十一點半到下午一點

上午的時間通常也是客戶最忙的時間，一般不方便打擾客戶。而中午十一點半到下午一點，正好是客戶吃午飯及午飯後的一小段時間。此時，客戶會比較清閒，思路也會更清晰，所以這個時候預約，是一個不錯的選擇。

▣ 晚上八點到九點

優秀的老闆通常都會在晚上對一整天的工作進行思考和總結。所以，晚上八點到九點也是預約客戶的一個最佳時機。一方面，在這個時間段客戶能靜下心來聽你說；另一方面，客戶也有時間對你的話進行判斷和分析。

選擇合適的溝通方式

在互聯網時代，人與人之間的溝通形式是非常多元的，而且在銷售中，不同的溝通方式也代表著不同的溝通等級，會產生不同的溝通效果。比如，電話溝通通常

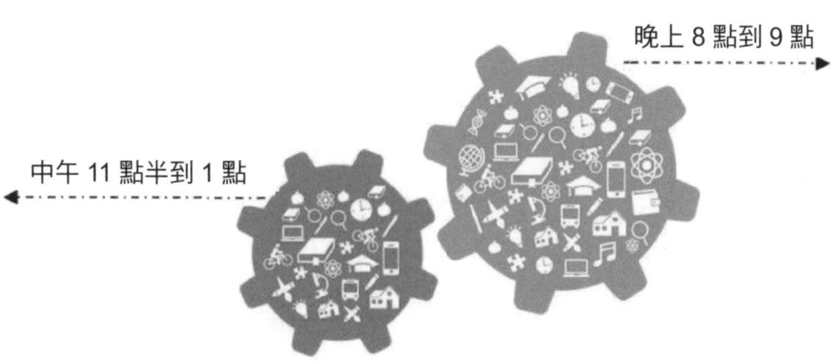

▲ 圖 5-1 兩個預約客戶的最佳時間段

用於重要且緊急的事情，通訊軟體通常用作日常溝通，電子郵件通常用於寄送銷售資料，而快遞則主要用於給客戶寄送禮物。

有時候一些不是特別貴重的小禮物，的確可以作為預約客戶的敲門磚。在前文中提到的電影《當幸福來敲門》中，葛德納就是透過快遞，給客戶郵寄了一張橄欖球比賽門票。

總之，在預約客戶時，選擇合適的溝通方式很關鍵。我個人比較推薦的是電話溝通和通訊軟體溝通，尤其是 LINE，因為透過 LINE，你可以更好的進行客戶管理。比如，經常給客戶發一些貼圖或者分享一些好的文章等，就有助於和客戶建立更密切的聯繫。

為下次預約埋下伏筆

對於預約客戶而言，前面的鋪陳至關重要。許多時候，你能否成功預約到客戶，很關鍵的一點便是在上次的拜訪中，你有沒有留下再次拜訪的機會點。

從某種意義上說，預約既是一個開始，也是一個結束。「開始」是針對本次拜訪而言的，「結束」則是針對上一次拜訪而言的。

所以，每當你完成一次拜訪後，一定要為下一次的預約埋下伏筆，留下一個再次拜訪的機會點。尤其是，對於那些對時間管理要求非常嚴格的客戶，這既代表著一種尊重，也是一種高效銷售的體現。

那麼，這個伏筆應該如何留呢？在這裡，我和大家分享一個實用小技巧：**一次性談清楚**。

許多業務員在拜訪客戶時，會留一手，他們不知道留一手會澈底把客戶「留泛黃」，把自己「留鬱悶」。頂尖業務懂得一次性談清楚，說「人」話，說該說的話。對於這一點，很多業務不會去做，在拜訪客戶結束時，常這麼說：

王總，再次感謝你百忙中的會晤，跟你的溝通很愉快，受益也很多，尤其是你對行業以及國際貿易形勢的判斷和分析，非常專業，向你學習受教了。看你也比較忙，也不忍心再繼續叨擾了，回去之後我會再好好消化消化。

其實，對於你所屬的行業，我們還真是有一些非常專業的資料和報告。由於今天來得比較匆忙，我忘記帶了，我想回去之後整理一下，下週二下午兩點送過來給你，順便再向你繼續請教，你看可以嗎？

他們以為這樣說能達到兩個目的：一是為下次預約埋下伏筆；二是將再次拜訪的時間精確到了下週二下午兩點。

其實不然，客戶那麼忙，可能下週二下午兩點根本沒有時間見你，你也因此錯失嘗試簽單良機。所以，一次性談清楚永遠比留一手更加高效！

上面分享了預約客戶的六大絕招，希望能夠幫助到大家。從本質來說，銷售其實就是一個環環相扣的循環。作為這個循環中最重要的環節之一，只有做好了銷售預約，才能更好的進行銷售拜訪。

02 對方老闆是啥性格？看公司官網就知道

拜訪客戶是每一個業務員都要做的事情。同樣是拜訪客戶，頂尖業務每拜訪完一個客戶，都能有不少收穫：敲定訂單、了解客戶的需求、解決客戶的疑問……總之，頂尖業務每一個拜訪都是帶有目的性的，且在這個過程中能執行的很好，確保最終有所收穫。

而普通業務，似乎就是為了拜訪客戶而拜訪，拜訪的過程就是送份資料、見個面、遞張名片，回來後有什麼收穫自己也不知道。

是什麼導致了如此大的差異呢？答案就是拜訪客戶前的準備。所謂「不打沒把握的仗」，頂尖業務在拜訪目標客戶前，會精心的準備，其目的只有一個，即為客戶尋找到可以接納或者信任我們的理由。那麼，他們在拜訪目標客戶前，是如何準備的呢？

不預設立場，也不自卑

為了確保在拜訪客戶時不會因為過度緊張而影響談話效果，業務員應該在拜訪前做好充足的心理準備。具體來說，包括以下兩個方面：

■ 平常心

從某種意義上說，「臉皮厚」實際上是優秀心理素質的代名詞，它要求我們正確認識挫折和失敗，有百折不撓的勇氣。在業務工作中，你會經歷很多次失敗，但你一定要有耐心，你要相信所有的失敗，都是為你以後的成功做準備的。為什麼這個世界上有成功者也有失敗者，原因很簡單：**成功者比失敗者永遠是多堅持了一下**。

■ 平等心

一般來說，我們所選擇拜訪的目標客戶在職位上與我們是不匹配的。他可能是一個公司的CEO或者高階主管，而我們在他的眼中僅僅是一個業務員。因為地位的不同，導致很多業務員心裡會畏縮，認為自己很卑微，而客戶是高高在上的。這會讓你在見到客戶時，因為緊張，話都不敢說，或者說出來的話顯得不夠自信。

這是一種錯誤的心理。在拜訪客戶前，你首先要有一顆平等心。你應該清楚的知道：你和客戶是平等的，你沒有必要怕他或奉承他；你只需要尊重他，用你的實力來證明自己與自己所推銷產品的價值。

客戶是老虎、孔雀、貓頭鷹，還是無尾熊

為了摸準客戶的性格我們需要蒐集資料，了解客戶是什麼樣的人，他多大年紀，他是什麼樣的性格。我們之所以要了解客戶的性格，是為了摸清客戶的脾氣、性格，從而選擇良好的溝通方式和他進行溝通，而不是對抗式的溝通。

那麼，我們在首次拜訪客戶之前，應該怎麼去了解客戶的性格呢？

▣ 搜集和分析客戶的資料和資訊

摸清客戶性格的方法主要是搜集和分析客戶的資料和資訊。業務員應多角度、多途徑的蒐集客戶資料，盡可能全面的搜集所有相關資料。資料準備得越多，客戶的形象就越清晰，他的性格你就摸得越準，面談的切入點就越明確。具體來說，有以下兩種方法：

第一種，透過瀏覽公司官網的一些圖片或其他相關的內容，了解該公司的企業文化，一家公司的企業文化就能夠體現老闆的性格。比如，這家公司的官網上有很多老闆的經典語錄，那麼這個老闆要麼是老虎型性格（具支配型特質）的人，要麼是孔雀型性格（具表現型特質）的人。這樣，我們就知道面對這樣性格的老闆，應該使用什麼樣的方式和對方溝通。

第二種，透過中間人去了解，這個中間人可能是第二關鍵人或第三關鍵人。我們可以給中間人打電話，直接或間接的了解老闆的性格。

◘ 做客戶分類，避免一招吃遍天下

知道目標客戶的性格後，接下來，我們就要用不同的方式對不同性格的客戶進行溝通。身為業務員，我們尤其要注意的是：**千萬不要用一套方法與所有的客戶溝通**。很多普通業務的成交率之所以如此低，就是因為他們用一樣的話術與所有的客戶溝通，企圖「一招吃遍天下」。要知道，你見到的客戶大都是一家公司的老闆或高階主管，他們都是久經沙場之人。要想贏得他們的認可，你就必須用他們喜歡的方式與他們溝通。

那麼，我們應該如何與不同性格的客戶溝通呢？根據人的天生特質，我們可以將客戶分為四種類型，包括支配型、表現型、精確型、耐心型。為了將這四種類型客戶的個性特質形象化，根據其各自的特點，我們又可以分別稱其為老虎型客戶、孔雀型客戶、無尾熊型客戶、貓頭鷹型客戶。下面，我們就來看一下不同類型客戶各自的特徵，以及我們與其溝通的合理方式（見下頁圖5-2）。

■ **老虎型客戶：以他為主導，傾聽為主**。具有支配型特質的客戶又被稱為老虎型客戶，其性格的共同點為充滿自信、競爭心強、主動且企圖心強烈，是一個有決斷力的領導者。一般而言，這類型的客戶胸懷大志，勇於冒險，看問題能夠直指核心，並且對目標全力以赴。

當你與他溝通時，需要以他為主導，他說你聽。當他說完以後，你可以把他說的重點總結一下，與他確認即可。

需要注意的是，如果你也是老虎型性格的人，那麼你們之間的溝通可能會出問題。有很多這類型性格的客戶在與業務員溝通時，可能會把桌子掀起來，這時一些心理素質差的業務員，說話聲音就會開始發抖。一旦出現這樣的情況，你就已經處於弱勢，你簽下單的機率就會微乎其微。

■ 孔雀型客戶：誇讚為主，讓他盡情的展

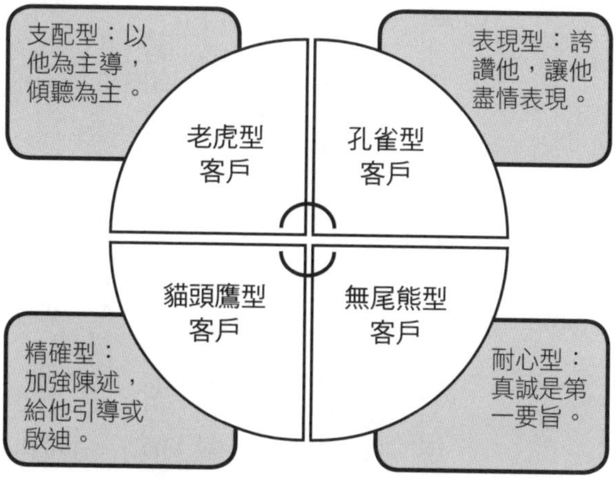
支配型：以他為主導，傾聽為主。
表現型：誇讚他，讓他盡情表現。
老虎型客戶
孔雀型客戶
貓頭鷹型客戶
無尾熊型客戶
精確型：加強陳述，給他引導或啟迪。
耐心型：真誠是第一要旨。

▲ 圖 5-2 四種不同性格的客戶和相應的溝通方式

現自己。馬雲是營造氣氛占比一五％的孔雀型人群。孔雀型客戶的共同特質為：人際關係能力極強，擅長以口語表達感受並引起共鳴，很會激勵和帶動氣氛。他們喜歡跟別人互動，重視群體的歸屬感。由於他們富有同理心並樂於分享，他們具有很強的親和力。

當你在與孔雀型性格的客戶溝通時，要讓他盡情的展現自己。你只要做一件事情，就是在他說話時不時的附和道：「哇，王總，你好優秀啊！你是怎麼做到這麼優秀的？你能不能跟我分享一下你這麼多年怎麼成為行業大老的？」諸如此類的讚賞外，讓他盡情的釋放自己，等他展現完自己以後，他就會讓你來展現你自己。此時，你要簡潔明瞭的跟他講明來意，以及你要跟他討論的重點內容等，跟他進行一個簡潔明瞭的交流。

■ **貓頭鷹型客戶：需要更多的陳述，給他引導或啟迪**。重計畫、有條理、注重執行遊戲規則、循規蹈矩、巨細靡遺、重視品質、細節精準，是貓頭鷹型性格的客戶的共同特質。在行為上，這類型的客戶會表現出喜歡理性思考與分析，並重視制度、結構、規範的特點。

你在與他們溝通時，需要更多的陳述，比如，你可以對目前的行業形勢、行業問題等進行分析，帶給他們更多的啟迪或引導。

■ **無尾熊型客戶：真誠是第一要旨**。平易近人、敦厚可靠、避免衝突與不具批判性、注重穩定與中長程規畫、遇事冷靜、不慌不忙，是無尾熊型性格客戶的共同特質。在現實生活中，這類型的客戶常常會反思自省並以和諧關係為中心，即使面對困境，亦能泰然自若，從容應付，保持冷靜自持的態度。

你在與無尾熊型性格的客戶溝通時，真誠是第一要旨。他喜歡簡單，看重人品，常會有意識的選擇「氣味相投」的人。因此，能夠真誠的提出建議，責任心比較強的業務員會更容易得到他的賞識。所以，你在與無尾熊型客戶溝通時，完全可以表現出你隱藏已久的「本色」來。

需要注意的是，拜訪客戶是一個動態的過程，並沒有具體的範本和標準的答案。想更好的掌握拜訪不同客戶的不同方法，需要我們在實際的拜訪中不斷摸索、不斷總結。

展示工具的準備

展示工具是我們在與客戶見面過程中必不可少的環節，它具有強化說明、促成簽約的作用。在拜訪目標客戶前，對展示工具的準備也是十分必要的。

具體來說，展示工具包括展示資料、簽單工具和小禮品等。在展示的過程中，有的客戶可能會對公司、商品服務，甚至你個人存在許多疑問，有的客戶可能會有了解同行使用你的產品後產生何種價值的需求。此時，如果你能拿出相關的資料給他看，就可以成功打消客戶的疑慮，讓他對你產生信任。

所以，在每次拜訪客戶前，你不妨準備一個漂亮的展示夾，並將以下資料放入其中：

- 公司簡介。
- 銷售宣傳資料（最好是簡報形式）。
- 個人資料。
- 各種簡報、資料。

需要注意的是，你一定要在向客戶提供的銷售簡報裡，展示你的產品能給他創造什麼樣的價值。你可以把產品的價值資料化，比如使用你的產品一個月後，會產生什麼樣的價值；使用半年後，會產生什麼樣的價值。

總之，首次拜訪客戶是你與客戶第一次面對面的正式「過招」，一定要引起重視。尤其是對於那些經驗不足的業務員而言，拜訪前的準備，往往就決定了拜訪的最終成敗。

03 先問自己：客戶為什麼要買你的產品

普通業務總是不明白，為什麼賣同樣的產品，那些頂尖業務可以天天拿到訂單，自己做一個月連訂單的影子都看不見？其實，造成這兩種截然不同結果的最主要因素是，普通業務總是不明白客戶的需求和動機是什麼。

從另一個角度來說，普通業務和頂尖業務之間的明顯差別在於一個有勇無謀，而另一個總是在理性的思考。

前者會不停的圍繞產品和服務的品質、特性、功能來說，卻不清楚自己所說的到底是不是客戶最需要的，也不清楚客戶最需要的是什麼，購買動機又是什麼。而後者不會喋喋不休的把一些枯燥的東西強行灌注給客戶，他們更擅長思考，會在與客戶的溝通中分析客戶的需求和購買動機，從而單點突破。

也就是說，**在溝通中看透客戶的需求和購買動機**，**是促使客戶簽約、取得銷售成功的關鍵**。那麼，身為業務員，在與客戶見面溝通的時候，要如何才能看透客戶的需求和購買動機呢？

看透客戶的需求

大家都知道，醫生不能在還沒發現病人的病因的情況下，隨便開藥，這無異於草菅人命。同理，業務員在還沒發現客戶需求的情況下就推銷，不但自己會徒勞無功的浪費口舌，也達不成業績目標。業務員推銷產品給客戶，相當於醫生給病人看病，應該先充分、全面的了解客戶的需求和期望所在，然後才能給客戶提供一個他所需要的產品。

我們和客戶第一次見面時，千萬不要馬上就推自己的產品，這一點是我想強調的與眾不同的銷售方式。能與客戶見面，就意味著客戶認可你，接下來你應該先了解客戶。比如，你可以這樣對客戶說：「王總，我想了解一下，公司現在是個什麼樣的情況。有沒有使用這產品？」

如果對方說已經使用了，那你就可以跟他聊聊使用情況怎麼樣，對產品不滿意的原因是什麼。這時，對方可能會告訴你：「前面業務員也是這樣對我講的，但是它就沒有這個功能……」你要知道，如果客戶有新的需求，一定是想更換或對原來使用的產品感到不滿意，他才願意給你一個見面的機會。

這時，你不能立刻把產品推給客戶，而是要了解對方具體發生了什麼事情。有針對性的了解發生了什麼事情，你才能更有效的把你的產品推出來。比如，客戶的不滿意點在哪裡、他的新需求在哪裡、他對功能的需求是什麼、他對價格是否敏感……這些事情你都要有充分的了解。

我非常不贊成業務員一見到客戶，就立刻把產品的功能講一遍。講完以後，客戶看著你問：「你是來賣東西的？」身為業務員，我們要傳遞給客戶的觀念是「我們是賣服務的」，你要把你的產品功能、價值傳遞給客戶，並在這個過程中充分挖掘客戶的需求。即使到最後，你發現你的產品並不符合客戶的需求，你也可以把這些需求回饋給公司的CEO或技術部門，幫助公司研發出符合客戶需求的產品。從某種意義上說，業務員其實就是一個產品經理。

看透客戶的需求也是有技巧可循的，這裡，我介紹幾個行之有效的技巧供大家參考。

▣ 鼓勵客戶去想像

當你發現你與客戶溝通時，客戶出現猶豫或排斥的情緒時，你可以這樣問他：「王總，你最希望在購買我們的產品後，能獲得怎樣的效果？」如果客戶如實的回答了你，你可以接著說：「我們的產品就有這樣的效果，你可以體驗一下。」

鼓勵客戶去想像而不是生硬的提問，會讓客戶暫時放下戒備，從而讓你更加了解對方的需求。

▣ 直接詢問客戶

在實際銷售中，很多業務員在與客戶溝通完以後，就會馬上向客戶推銷自己的產品，這是一種錯誤的做法。頂尖業務會在溝通的過程中，以直接詢問客戶的方式來獲取客戶的資訊。比如，他們通常會說：「王總，我想了解一下公司有沒有使用同款產品……」。

如果客戶說已經使用了，他們就會和對方聊聊產品的使用情況以及對產品是否滿意。如果客戶對產品不滿意，你也不要立刻把你的產品推給對方，而是要了解他具體對哪裡不滿意、他的新需求在哪裡等等。

▣ 聽出客戶的需求

傾聽是業務員銷售工作中的一大法寶。業務員在與目標客戶溝通時，要多聽少說，客戶的需求很多時候是可以透過傾聽來獲得的。

看透客戶的購買動機

除了要了解客戶的需求，頂尖業務還會在溝通的過程中，想方設法的看透客戶的購買動機。如果不了解客戶的購買動機，你就找不到打開銷售之門的鑰匙。動機決定著行為，

購買動機是客戶購買過程的第一步。

客戶的購買動機有時候會超乎你的想像，可能是因為品牌，因為你的演示震撼了他，或者某某企業用了他也要用，也可能是你真的解決了他的痛點，或者是你氣質好長相出眾……比如，我曾經聽學員說過一件好笑的事，他在向客戶推銷一款空氣清淨機時，以為客戶會因為清淨機的功能和品質而購買，沒想到的是，對方更加看重的是清淨機炫目奢華的外表，因為對方是個「顏值控」。

那麼，我們如何才能看透客戶的購買動機呢？

客戶的購買動機可以分為理性購買動機和感性購買動機，兩者之間既有區別又有聯繫，而且具有一定的可轉化性。切實了解客戶的購買動機，需要業務員養成全面觀察客戶反應的習慣。掌握了這一點，你的銷售技巧才會更具針對性，這是提高銷售水準的關鍵。

▣ 理性購買動機

理性購買動機，是一種基於對自身需購買商品的全部性能和花費，進行全面考慮的合理型思維方式。有這種動機的客戶常會要求業務員確認所有的問題，並對「最合理」的內涵進行全方位的闡述。他往往會坦承已經或正在對同類型產品進行比較，但還未做出最後決定。

遇到這樣的情況時，普通業務通常會說：「是的，你應該慎重考慮，等你考慮清楚了再聯繫我。」前面已經說過，這樣一來，九〇%的客戶是不會聯繫你的，即使有，也可能是你運氣好。

而頂尖業務則會透過客戶的言行舉止，迅速判別其購買動機，再把其注意力引導到最適合他的產品性能上去，使其向理想的購買動機轉變。

■ 感性購買動機

比如，你正在向客戶介紹你所銷售的房子——客廳布置得富麗堂皇、廚房做成開放式的、主臥放什麼床、主色調該怎樣確定、女兒的房間顏色要浪漫、地板要用義大利品牌的、陽臺可以改成落地窗……。

客戶聽了半天後，很可能會很不耐煩的說：「你講得很好，但對我沒用，我只不過是想買間房子給工人做集體宿舍，每間房至少住八個人。」那麼，你前面的一切都是在白費口舌。每個人對商品都會有不同的購買動機，如安全感、舒適感、有個性、夠浪漫等，都可能會影響客戶的購買行為。當這種對商品的某種性能特別關注，甚至成為一種目的而使客戶決定購買時，就是帶有一定感情色彩的思維方式。

04 電話拜訪，不要超過六分鐘

拜訪客戶時，除了可以面對面的方式進行拜訪，也可以用電話拜訪。作為一種貫穿於整個銷售過程的拜訪形式，電話拜訪在銷售中具有舉足輕重的作用，如果運用得當，就能取得事半功倍的效果。

不過，電話拜訪不是萬能的，並非所有的銷售環節都適合借助電話這種工具。只有在一定的情境下，電話拜訪才能發揮出最大效用。一般來說，電話拜訪主要適用於以下三大銷售環節（見下頁圖 5-3）：

預約客戶

對於那些你從未見過面或者從未溝通過的客戶，電話拜訪是最節省成本、最有效果的拜訪方式。因為當你與客戶素未謀面或者並不熟悉時，冒昧的跑到客戶辦公室拜訪客戶，顯然是行不通的。此時，更合理的做法應該是，先透過電話拜訪的形式與客戶進行必要的交流，並約定見面的具體時間、地點，然後再過去進行拜訪。

即便是對於那些已經拜訪過的客戶，你在準備再次拜訪時，為了提高拜訪的效率並表示對客戶的尊重，也需要先與客戶就拜訪事宜進行溝通和預約。而電話預約，就是預約客戶的一種重要方式。

客情維護

有人曾經將銷售比喻成耕種。正如播在地裡的種子需要經常澆水施肥，才能破土而出，成長為幼苗，客戶也是需要經常去維護的。一筆訂單的敲定也許只是花一分鐘簽個字、蓋個章，然而為了這關鍵的一分鐘，你可能需要持續幾個月甚至一年的客情維護。在這個客情維

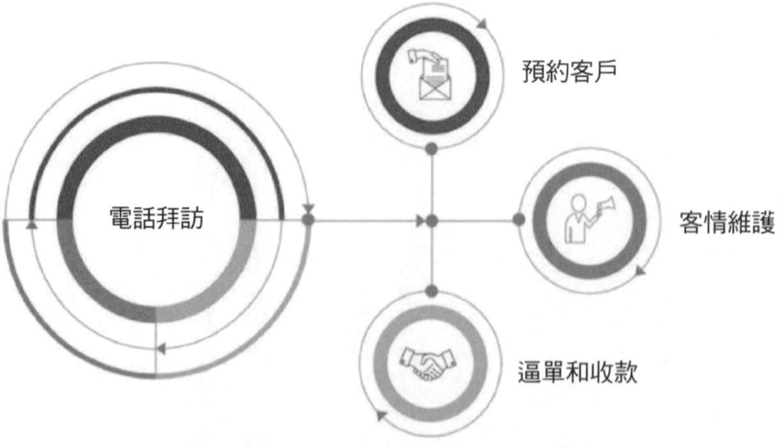

▲ 圖 5-3 適合電話拜訪的三大銷售環節

護的過程中，你不可能每次都與客戶碰面，那樣做的成本太大，而電話拜訪就成了最佳的客情維護方式。一般來說，隔一段時間你就應該對客戶進行一次電話拜訪，在聯絡感情的同時，也不斷將客戶的狀態往前再推進一個階段。

通常，業務員透過電話拜訪的形式做客情維護時，還應該注意以下兩點：

▣ 每次不要超過六分鐘

經過計算我發現，**六分鐘是一次電話拜訪的時間極限，一般以三到五分鐘為最佳**。

▣ 弄清楚電話拜訪的目的

在進行電話拜訪的時候，你一定要十分清楚的知道，自己為什麼打這通電話？透過這通電話，你要表達什麼觀念，傳遞什麼資訊給客戶？然後再根據這個拜訪目的去設計自己的說辭。

在實際的電話拜訪中，我發現很多業務員總是抓不到拜訪的重點。電話打過去，往往閒扯了半天，讓客戶聽得雲裡霧裡。這樣的電話拜訪，自然是得不到理想效果的。特別是在這個資訊氾濫的時代，有價值的資訊本身就需要過濾。這種缺乏明確目的性的電話拜訪，很有可能會成為你簽單成功的阻礙。

既然是做客情維護，那麼有目的的電話跟進，就是你進行電話拜訪的最根本目的。你一定要充分利用電話拜訪的機會，力爭將客戶的狀態再往前推進一個階段。比如，直接和客戶溝通你打電話的目的，不要繞彎子，沒有誰有閒情逸致來聽你繞彎子的話。所以，說人話，說你想說的話，這才是你電話拜訪的目的。

逼單和收款

除了上面提到的預約客戶和客情維護外，電話拜訪還適用於銷售的「逼單」和收款環節。相信許多業務員都有這樣的感受，在銷售的過程中，最焦慮、最尷尬的情景主要有兩個：一是客戶始終不給你一個明確的答覆，是簽單還是不簽單；二是簽完單後，客戶遲遲不肯付款。電話拜訪正是解決這兩個棘手問題的最佳選擇。

當遇到以上兩種尷尬的情況時，你可以拿起手中的電話，對客戶做一個電話拜訪，「逼」客戶給你一個是或否的答案，弄清楚客戶究竟是買還是不買、究竟什麼時候付款。這裡的逼，並不是指逼迫，而是要曉之以理、動之以情，讓客戶產生一種同理心。結合多年的銷售經驗，我發現，有時候對客戶說一些很感性的話，比如說服客戶給你一個確切的答覆等，在電話裡說往往比當面說更適合。

當然，你進行電話拜訪的目的，並非讓客戶馬上就買或者就付款，而是要得到一個肯定的答覆。需要注意的是，不管是逼單還是催款，每次電話拜訪的時間都應該和前面提到的一樣，控制在六分鐘以內。為了突出重點，你應該在電話接通後，立刻將拜訪的目的拋出去。

總之，不管是在銷售的預約客戶環節、客情維護環節，還是逼單和收款環節，電話拜訪都是一種低成本、高效率的有效方式。當你掌握了電話拜訪的要領，並且能夠學以致用，那麼，你離頂尖業務就更近了一步。

第六章

我如何在初次見面的 60 分鐘當場簽約？

一場高效的談判只需 60 分鐘，只要掌握這 60 分鐘的談判技巧，就能讓訂單順利飄到自己身邊。

01 六十分鐘的拜訪，我只做五件事

銷售談判是銷售過程中的一個重要環節。當你依約見到了客戶，你準備花多長時間與客戶交流？交流哪些內容？時間怎麼分配？透過和客戶的交流，你要達到什麼樣的目的？這些都是我們需要考慮的問題。

時間就是金錢，在這個快節奏的時代，人人都有很強的時間觀念，注重工作效率。客戶很忙，通常不會留很多時間給我們。同樣的，我們在一個客戶身上，也不應該花費太多時間。那麼，一個最佳的銷售談判，時間到底應該是多久？

根據我的經驗，面對一個目標客戶，從見面到嘗試簽單，到最終的簽單收款，最佳的時間應該控制在**一個小時**左右。並且，這一個小時的時間安排是不可以隨心所欲的，而應該進行合理的規畫。如果時間太長，節奏沒有掌握好，談話的內容安排不得當，就容易讓客戶產生疲憊感甚至有聽沒懂，從而導致簽單失敗；如果時間太短，很多東西又可能說不清楚。

通常，在這寶貴的六十分鐘談判時間裡，你需要**做五件事情：一個簡短的開場白**、

深入了解客戶的實際需求、著重介紹自己的產品、與客戶互動、談簽單。下面，我們先來看看每件事情的具體時間安排情況（見圖6-1）。

▣ 三分鐘的開場白

心理學上有個效應叫「初始效應」（Primacy Effect），它強調的是第一印象的重要性。這個效應，同樣適用於銷售談判。

在銷售談判中，一個完美的開場白具有舉足輕重的作用，它能幫助你贏得客戶的好感，營造出良好的談判氛圍，奠定整場銷售談判的基調，讓客戶對你和你的產品感與趣，願意與你繼續聊下去。萬事開

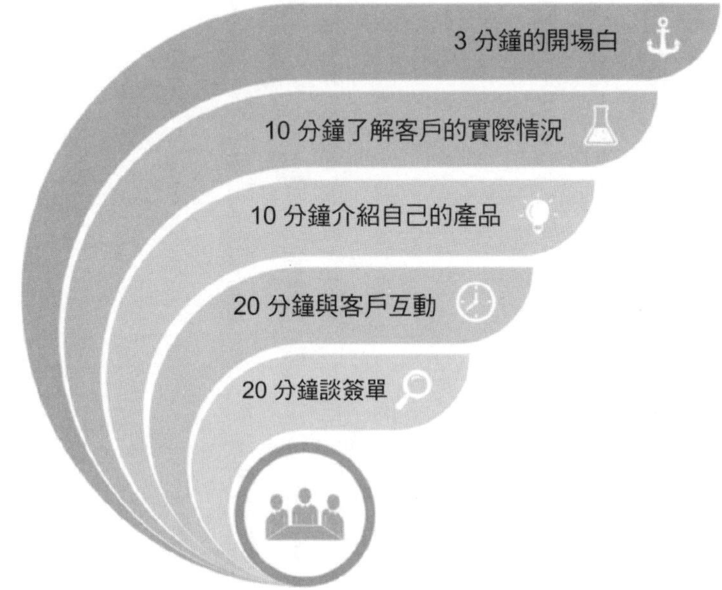
3 分鐘的開場白
10 分鐘了解客戶的實際情況
10 分鐘介紹自己的產品
20 分鐘與客戶互動
20 分鐘談簽單

▲ 圖 6-1 面對目標客戶時的時間控管

頭難。談判的開場做得好，後面的事情就會變得相對簡單。反之，若開場沒做好，一上來就把客戶得罪了，或者把天聊死了，甚至無法抓住客戶的興趣點，那麼這場談判就註定會失敗。

▣ 十分鐘了解客戶的實際情況

俗話說：「知己知彼，方能百戰百勝。」了解客戶的實際需求，能夠幫助我們對客戶做一個全方位的判斷，讓我們在銷售產品時，更有針對性，更突出優勢，從而做到有的放矢，一針見血。一場銷售談判，了解客戶實際需求的時間應該保持在十分鐘以內。時間過長，容易引起客戶的疲憊和反感。

▣ 十分鐘介紹自己的產品

銷售的最終目的是將產品賣出去，從某種程度來說，產品才是整個銷售過程的主角。一場銷售談判，用三分鐘的時間做了一個好開場，又花十分鐘對客戶的實際情況作了解。此時，你已經與客戶建立了一個良好的溝通氛圍，那麼，就到了切中正題、把產品推到客戶面前、正式介紹產品的時間了。

一般來說，考慮到客戶的耐心和接受程度，這個過程不要超過十分鐘。如果時間持續太長，客戶可能又會聽得不耐煩。

▣二十分鐘與客戶互動

產品介紹完畢後，如果客戶對你的產品感興趣，他們通常會與你進行互動，就他們所關心的問題以及他們的疑慮，向你進行詳細了解。這個過程，就是你與客戶的互動過程。

一般來說，與客戶的互動時間應該控制在二十分鐘內。如果時間太短，你可能無法解釋清楚客戶關心的問題；如果時間太長，又可能會使談判陷入僵局。

在這關鍵的二十分鐘裡，你一定要利用自己的銷售技巧和話術，點燃客戶堅定簽單決心的最後一把大火。

▣二十分鐘談簽單

銷售的目的就是為了簽單。一場銷售談判，即便你的開場再完美，你前面的鋪陳做得再好，最後沒有簽單成功，那它就是失敗的。

在前面的過程中，你已經用掉了四十多分鐘，所以最後留給簽單的時間只有寶貴的二十分鐘。這二十分鐘，就是你與客戶的博弈時間，是你完成銷售任務的關鍵。

一般來說，二十分鐘是足夠你對客戶進行幾輪嘗試簽單的。在這二十分鐘裡，你需要把握的一個原則就是咬緊牙關，第一輪嘗試簽單不行就第二輪，力爭現場簽下單子。

以上我講解了一次高效談判應該做的五件事情，及每件事情的時間安排，後面我會再詳細介紹這五件事情的具體做法。

02 好記性不如爛筆頭，一定要筆記

一場銷售談判的前二十分鐘，通常是為後面的四十分鐘做鋪陳。前二十分鐘把握好了，才能引起客戶和你進行互動的興趣。透過前文，我們已經了解到，在談判的前二十分鐘裡，我們需要做三件事：一是開場白；二是了解客戶的實際需求；三是產品介紹。那麼，在這三個環節中，我們又該如何做呢？

開場白吸引人，你才有主導權

也許有的業務員會說：「開場白，誰不會。」事實上，開場白看似簡單，卻頗有講究。一般來說，開場白的時間不必太長，兩、三分鐘即可。在這兩、三分鐘的時間裡，你應該兼顧以下方面：

■ 感謝客戶提供見面機會，這個步驟可以幫助我們迅速拉近與客戶的距離。

- 自我介紹，增加客戶對我們的印象。
- 說明拜訪目的以及拜訪對於客戶的價值，在這個過程中，要注意關聯客戶的利益。
- 轉向挖需求，即將話題巧妙的轉移到客戶的需求上。為了讓大家更直觀的感受好的開場白的魅力，我列舉幾種頂尖業務常用的開場白方式。

方式一：王總，你好！感謝你在百忙之中抽出寶貴的時間與我會面！（感謝接見）

方式二：王總，你的辦公室真的很有品味，簡潔又不失雅致，可以想像，在生活和工作中，你也一定是一個幹練的人！這是我的名片，請你多多關照！（先恭維客戶，然後再遞上名片，為銷售做鋪陳）

方式三：王總你好，我們公司是做網站推廣的，我們了解到現在很多企業都很關注自己的口碑，都有做推廣的需求。你做為企業的負責人，可能也會非常關心企業的網路推廣工作。所以今天我特別前來與你交流一下，看看有沒有我們公司能幫得上忙的。不知道貴公司有沒有這方面的需求？（介紹拜訪的目的，而且在這個過程中，關聯客戶利益，挖掘客戶的需求，使客戶主動開口）

總之，一個開場白如果能做到讓客戶認清你今天拜訪的目的，並且也認可你這個人，那麼它就是成功的。

了解客戶的實際需求

在做完開場白後，很多普通業務可能就會直接開始介紹自己的產品了。事實上，這種做法是欠妥的。頂尖業務在介紹產品之前，一般會增加一個重要的步驟：了解客戶的實際需求。

那麼，在這個步驟中，我們需要了解客戶的哪些資訊呢？以下是我的一些經驗總結：

- 客戶有沒有使用過我們競爭對手的產品？使用的情況怎麼樣？
- 如果客戶沒有使用過我們的產品，對這個行業他有什麼樣的想法？
- 客戶對同類的產品、服務有些怎樣的期望？或者他有一些什麼樣的認知？
- 客戶現在的公司是什麼樣的情況？

這個了解客戶的過程，你可以直接詢問客戶，也可以透過與客戶的談話，間接的引導客戶說出。

需要注意的是，在了解客戶實際需求的過程中，你還要認真做好筆記，著重記錄客戶對產品的認知。俗話說「好記性不如爛筆頭」，把這些內容記錄下來，即便在後面的過程中你遺忘了，筆記也能夠幫助到你。

突出產品優勢，給客戶一個直觀的印象

為了高效的完成產品推薦，在介紹產品的十分鐘裡，你一定要抓住以下三大關鍵點：

▣ 全面、簡潔

在介紹產品時，要兼顧產品的各方面，全面介紹產品的工藝、功能、功效、賣點等，給客戶一個直觀的印象，讓客戶更加認識產品。此外，因為客戶留給我們的時間是有限的，所以在介紹時，要盡量使用簡潔的語言，對不重要的資訊，不必談得太深入，避免囉嗦。一

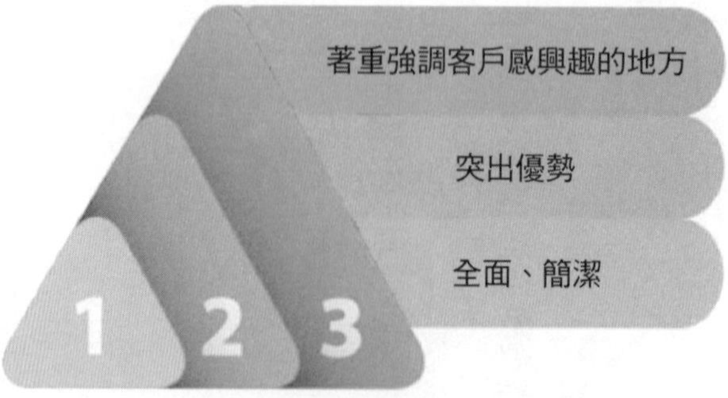

▲ 圖 6-2 介紹產品時應抓住的三大關鍵點

定要把握好時間。

▣ 突出優勢

在這個產品同質化競爭異常激烈的時代，客戶的可選擇性是非常大的。要想讓自己的產品在眾多的競爭產品中脫穎而出，得到客戶的青睞，就必須在介紹時突出產品的優勢，將自己的產品與競爭產品做比較，向客戶清楚闡述我們的產品相較於競爭產品，具有哪些獨特性和優勢，讓客戶在短時間內記住我們的產品，並對產品產生興趣。

▣ 著重強調客戶感興趣的地方

在介紹產品之前，我們已經了解客戶的實際需求，所以在介紹時，就應該立足客戶的實際需求，抓住他感興趣的點。

如果你能在前二十分鐘裡，以一個好的自我介紹開場，更深入的了解客戶的實際需求，並且對自己的產品進行一次有針對性的、完美的推薦，那麼，相信客戶一定會對你的產品產生興趣。如此一來，後續的談判就會更順利的推進下去。

03 我賣價值，不賣價格

在完成對產品的介紹後，如果客戶對你的產品感興趣，就會與你有個互動。比如，客戶可能會問：「小王，這個東西是什麼意思？」、「小王，這件事為什麼是這樣子？」、「小王，這個功能是怎麼樣的？」、「針對這個功能，有沒有新開發的別的功能啊？」

當客戶向你拋出了問題後，實際上有兩種意思：第一，他對你的產品感興趣，想進一步了解你的產品；第二，他還有一些其他方面的疑慮，比如功能、價格、售後服務等。此時，你要做的就是透過與客戶的互動，進一步向客戶介紹你的產品、打消客戶的疑慮，讓他充分認可你的產品。

在這個過程中，如果對客戶的提問你的回答很到位，你與客戶的互動很順暢，那麼就能為後面的成功簽單奠定基礎；反之，如果你的回答牛頭不對馬嘴，與客戶的互動不順暢，那麼之前所做的所有努力基本上就都白費了。

下面，我們透過比較普通業務和頂尖業務的兩種不同做法，來看一下在互動的過程中究竟應該怎麼說、怎麼做。

普通業務：對客戶的問題避而不談

在銷售的過程中，面對客戶提出的一些問題，很多業務員的做法通常是要麼避而不答，繼續推自己的東西；要麼不直接針對問題，回答的內容牛頭不對馬嘴。最後，變成了業務員說業務員的，客戶說客戶的。我們先來看兩個銷售場景：

（場景一）

客戶：「小王，你們公司產品有○○功能嗎？」

小王：「王總，我們只有這個功能。」

在這段對話中，客戶既然提出了關於產品功能設計的問題，就說明客戶已經對公司的產品產生了興趣。此時，小王應該抓住機會，引導客戶將話題轉向產品的優勢和功能上，循循善誘，讓客戶認定公司的產品是無可替代的，具有其他同類產品所不具備的價值。但小王的回答，卻明顯背道而馳了，不僅沒有對銷售成功起到推波助瀾的作用，甚至還有可能讓客戶產生「哦，只有這個功能，原來也不過如此啊」的想法，從而澆滅客戶想要下單的熱情。

（場景二）

客戶：「小王，你們這個產品怎麼賣得這麼貴啊！別人的只要十二萬，你們的卻要二十四萬。」

小王：「王總，我們這個東西很便宜了。我們的產品有很多人買的，你看，我們賣得很好呀！」

在這段對話中，客戶很明顯是在質疑價格。小王這樣回答，不僅不會使客戶打消對價格的疑慮，還可能會讓客戶產生負面的想法：你來找我，要我認可你的價值，那為什麼賣得這麼貴呢？我就是想了解一下其中的原因，你為什麼不能告訴我？是不是意味著你的貴就是理所當然的？你賣得很好，那你幹嘛來找我？別人都買了，我就要買嗎？

相較於這種簡單粗暴又適得其反的回答，小王更好的做法應該是透過進一步互動，去了解客戶提出這個問題的原因，以及他提出這個問題背後的邏輯，然後再根據具體的原因和邏輯，採取具體的策略。

總之，無論是上述哪種銷售場景，小王的回答其實都是很致命的，都會把天「聊死」，把互動攪黃（按：把事情或計畫擾亂了），讓簽約無望。

頂尖業務：銷售新商業價值

與普通業務相比，頂尖業務的高明之處就在於他們能在與客戶的互動中，讓客戶看到產品獨一無二的價值。

他們在和客戶溝通互動時，始終讓自己的認知與客戶的認知處於同一頻道。他們通常會非常小心、系統化、價值化的回答客戶的問題，讓客戶感受到自己的產品和別人的產品是完全不一樣的，是能為客戶創造更大價值的，從而使客戶願意簽單。這個過程，實際上就是在向客戶銷售產品的新商業價值。

正所謂最差的銷售產品，中間的銷售理念，最好的銷售價值。在如今競爭激烈的商業環境中，做業務其實就是賣價值。

比如，一種服務值四萬，但它也有機會值四百萬，那麼這個四百萬，就是這種服務的價值。如果你向客戶闡明了這種服務的價值，並且客戶也認可了這個價值，那麼，客戶就會掏錢下單，你的銷售便成功了。

再如，同樣是汽車，BMW為什麼賣得比別人貴？這是因為，它具有帶給駕駛者獨一無二的駕駛快感的價值。換言之，BMW賣得其實就是它獨特的駕駛快感，這種感覺就是它的價值。

我們再來看一下，當面對同樣的情景和問題時，頂尖業務會怎樣應付。

客戶：「小王，你們這個產品怎麼賣得這麼貴，別人的只要十二萬，你們的要二十四萬。」

頂尖業務：「王總，你覺得哪裡貴呢？」

客戶：「那個人賣十二萬，你的東西賣二十四萬，我當然會覺得很貴了。」

頂尖業務：「王總，是這樣的，這個功能他有，我也有。這個功能我有，他就沒有。你不要小看我這個功能，它不僅能夠幫你提高效益，還能節省你的成本開支。我幫你初步算了一下，一年下來，它可以幫助你節省約ＸＸ元，提高ＸＸ倍效益。而且，我們的產品是在不斷推陳出新的，你使用我們的產品，未來的效益只會比現在高，不會比現在低。」

當這樣的話一說出口，客戶自然就會認為和競爭產品相比，你的產品雖然貴了十二萬元，但確實更具有價值，也確實物有所值，從而下單。

比起普通業務，頂尖業務在與客戶的溝通過程中能夠做到巧妙的循循善誘，引導他們說出自己的顧慮，並透過闡述產品所具有的獨特價值去打消客戶的顧慮，贏得客戶的認可，從而為最終的簽單奠定基礎。這便是頂尖業務的高明之處。

透過以上對比，普通業務和頂尖業務在與客戶互動中的差別就一目瞭然了。如果你也想成為頂尖業務，那麼下一次，當你在回答客戶問題時，就要抓住產品的新商業價值，以價值俘獲人心，用價值取勝！

04 不要給對方「考慮一下」的機會

一場六十分鐘的銷售談判，你花三分鐘做自我介紹，給客戶留下一個好的印象；花十分鐘了解客戶的情況，做到有的放矢；再用十分鐘介紹自己的產品，讓客戶全面的了解產品；接著利用二十到三十分鐘與客戶進行互動，打消客戶的疑慮，讓客戶認可產品的價值。完成這一切的鋪陳後，剩下的二十分鐘，你就要做嘗試簽單了。

最後二十分鐘的嘗試簽單時間，也是整場銷售談判中最重要的環節。可以說，你之所以去與客戶進行這場銷售談判，其實就是為了這二十分鐘。

即便前面的四十分鐘做得再好，鋪陳再足，如果最後二十分鐘沒利用好，也會竹籃打水一場空。

然而，在實際銷售過程中，八〇%的人都浪費這寶貴的二十分鐘。那麼，在這有限的二十分鐘裡，我們究竟應該怎麼做呢？

在銷售談判的過程中，時常會遇到這樣的情況，客戶對產品表現出了明顯的興趣，也認同了產品的價值，可是到了簽約環節，就是會猶豫不決。比如，他們會說：「小王，你說的我都了解，我先考慮一下。」、「小王，過兩天我再聯繫你吧。」

面對這樣的情況，你通常是怎麼做的呢？如果你是順著對方的話回答說：「好吧。」那麼很遺憾，你的嘗試簽單基本就失敗了。

我曾經做過一個統計，但凡這種在簽單階段說「我考慮一下」、「我下次再聯繫你」的客戶，後面再跟進時的簽單率通常不會超過一〇％。這就意味著，你一個月工作二十二天，進行一百多次的談判，最終簽單成功的可能就只有兩、三家。按照這樣的工作效率，你一輩子也別想成為頂尖業務。

同樣的情況，如果客戶說出需要考慮一下後，你不給對方機會，而是繼續嘗試簽單，力爭現場簽單，那麼你成功的機率至少會有二五％到三〇％。相較之下，效率是不是提高了很多？而且，在這個過程中，你一方面省去了後期跟進客戶的時間和精力，另一方面也提升了自己的戰鬥能力和最終的嘗試簽單能力。一舉三得，何樂而不為呢？

拿我自己來說，在阿里巴巴做業務時，我每天會約見三家客戶，對於這三家客戶，我會盡全力將他們變成A類客戶，當場簽掉；如果實在說服不了，就直接變成D類客戶。通常，我不會給客戶「考慮一下」的機會，因為我深知「考慮一下」就意味著簽單希望已經很渺茫了。與其後期花費大量時間精力去追求這一〇％的簽單率，還不如直接放棄。這也是我能一直保持著高效的工作效率的主要原因。

銷售是一件講究效率的事情，所以你也應該做有效率的事。最後的嘗試簽單階段，你要充分利用這二十分鐘，弄清楚客戶有沒有需求。

如果有需求，為什麼不簽單？不簽單，原因是什麼？找到原因後，直接當場解決，然後現場簽單。要明白，那些頂尖業務之所以能脫穎而出，簽掉普通業務不能簽的單，就是因為他們懂得現場簽單的重要性。

勇敢說出心中所想

事實上，許多普通業務並非不知道現場簽單的重要性，只是在客戶委婉的回覆「再考慮一下」時，不知道該怎麼應對。

試想，當客戶對你說：「小王，你說的我都了解，我再考慮兩、三天吧，到時候再聯繫你。」你心裡是不是也很想知道，客戶說的兩、三天，究竟是兩天，還是三天？如果到時候他沒有打電話聯繫你，該怎麼辦？明明已經認同了產品的價值，他還要考慮什麼？

問題是，既然你也沒底，為什麼不把心裡的疑問提出來呢？頂尖業務之所以能在最後的簽單環節現場簽單，就是因為他們多了一份勇氣，面對客戶的遲疑或婉拒，敢於說出心中所想，澈底打消客戶的顧慮。比如，他們會這樣回答客戶：

王總，我們今天也聊得滿愉快的，你也認同我們的價值，我們的價格你也能接受，你還有什麼好猶豫的呢？要不我們今天就把這件事情定下來吧。我知道你很忙，我也不知道下次什麼時候才能見到你。萬一你一忙，就把我忙忘了呢？所以，我們不如今天就把這件事定下來，後續我們就可以為你提供服務啦！

此時，有的客戶可能仍然會有疑慮：「哪有這麼快，我今天才第一次見你，知道你的產品。」頂尖業務則會繼續說：

是，王總，你說得都對。我是這樣想的，如果今天我離開了，下次我用電話聯繫你，我講多了也不好，講少了也不好，而且，你也一定不可能主動聯繫我過來簽單。所以，王總，我們不如有效率一點，你看你都花了個把小時聽我囉嗦了，我們不如今天就定下來吧。你是不是還有什麼顧慮？如果有，那我們就把你的顧慮解決掉。

總之，在這最後的二十分鐘時間裡，頂尖業務會咬緊牙關。當他們勇敢說出了心中所想後，即便最後依然沒有簽單成功，他們在離開後也不會沮喪，更不會糾結。因為他們知道，自己已經盡力了。

許多普通業務在談判的過程中，之所以說不出這番話，只能順著客戶回答「那好吧」，不外乎以下兩種原因：

▣ 缺乏經驗，沒有勇氣

很多業務員因為自身不夠強大，缺乏經驗和勇氣，沒有繼續嘗試簽單。事實上，你只要想著，如果你不說出心中所想的，等你走出客戶的大門就會開始懊悔；如果你不現場嘗試簽單，你後期跟進簽單成功的機率只有一〇%，並且還會浪費你大量的時間，那麼你就會鼓起勇氣。

也許在最開始的一、兩次嘗試中，你不會成功，但只要你堅持，敢邁出第一步，那麼你就會在這個過程中積累經驗、提高能力，並且逐漸讓現場簽單成為一種常態。

▣ 害怕給客戶留下不好的印象，因此而失去單子

有些普通業務總是擔心自己說出內心所想、不斷嘗試簽單會給客戶留下不好的印象，甚至讓客戶看不起，從而失去單子。事實上，這種擔心完全是一種多餘。客戶並不會因為你說了這樣的話，做了這樣的事而小看你。生意場合，大家都是以利益為重，都很理智。當你向客戶闡明你的觀念，且這種觀念是對他有利的，客戶反而會更加欣賞你，認為你有

膽識、有魄力、有恆心、有信心。

況且，即便你真的因此而得罪了客戶，或者沒有簽單成功，那也只能說明這個客戶本身就是D類客戶，你也沒有什麼可遺憾的。

總之，這個世界上沒有無法嘗試簽單的A類客戶（為第一關鍵人、有需求、有購買能力的目標客戶）。在銷售談判的最後二十分鐘裡，你一定要咬緊牙關，勇敢說出自己所想，爭取現場簽單。

第七章

做客戶分析，將資源用在最有效益的地方

業務員要不斷的校準自己的方向，衡量客戶是否為你的目標客戶，是否值得你花時間和精力去攻克。要做到這一點，你必須了解你的客戶價值，明確有效的對客戶進行分類。

01 我的A、B、C、D客戶分類夾

經濟學中的「二八規律」告訴我們：二〇％的客戶創造了八〇％的利潤，八〇％的客戶只創造了二〇％的利潤。所以，當我們在面對客戶時，應該根據客戶的不同情況對他們進行分類，並根據不同類別的客戶，採取不同的溝通技巧，使銷售達到事半功倍的效果。

說到客戶分類，很多公司都有客戶分類，但大多數公司的客戶分類對應著漫長的簽單週期，在如今這個交換替代速度越來越快、市場競爭越來越激烈的時代，大多數人是沒有耐心去等待的。這樣的分類對於市場而言，也毫無競爭力。那麼，什麼才是符合時代的客戶分類呢？下頁圖7-1是我整理出來的新的客戶分類標準：

A類客戶：簽單週期為一週到十天

所謂A類客戶，也就是第二章裡我說的目標客戶，屬於A類客戶的三個標準是：是第一關鍵人、有需求、有購買能力。

A類客戶的簽單週期為一週到十天。如果在這個期限內我們不能簽掉，那麼就可以把它歸納到B類客戶，或者甚至可以直接歸類到D類客戶。

為何我們要把A類客戶的時間週期縮減得如此短呢？因為在這個競爭激烈的市場，很多客戶已經不需要我們再花時間去培養了，他們已經被競爭對手和同行培養成熟了。所以，你只需要做一件事，那就是如何快速的與他成交，讓他變成你的客戶。

我之所以這麼說，是因為現今是個資訊爆炸的時代。在這樣的時代裡，大多數客戶對某一產品的服務或價值都有所了解，你不需要再告訴他這些基礎的東西，你只要告訴對方你的價值是什麼。如果對方認可你產品的價值，就會簽單成功；反之，即使你花再多的時間和精

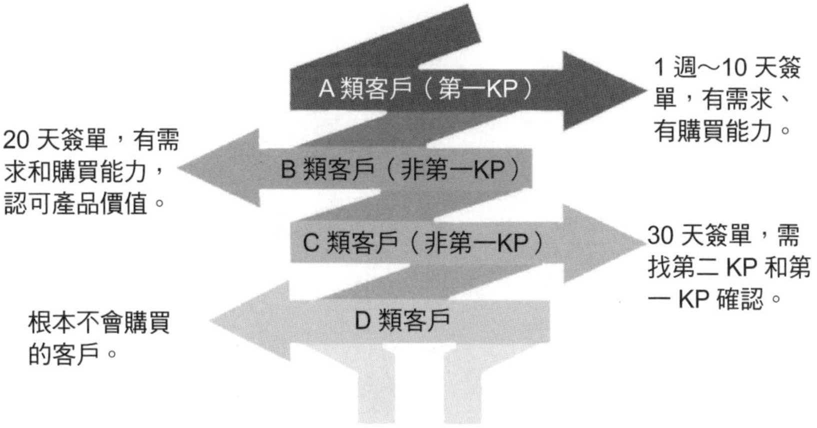
A 類客戶（第一KP）
1 週～10 天簽單，有需求、有購買能力。
B 類客戶（非第一KP）
20 天簽單，有需求和購買能力，認可產品價值。
C 類客戶（非第一KP）
30 天簽單，需找第二 KP 和第一 KP 確認。
D 類客戶
根本不會購買的客戶。

圖 7-1 符合時代的客戶分類標準

力，也將是枉然。在這個價值認可和價值傳遞的時代，從某種意義上說，客戶買的就是價值。

B類客戶：簽單週期為二十天

所謂B類客戶，也就是你見的第二或第三關鍵人，而不是第一關鍵人。當你見完第二或第三關鍵人後，他們還需要與第一關鍵人開會溝通，確認是否購買。

一般情況下，你見完第二或第三關鍵人，雖然得到他們的認可，但他們沒有最終購買權。這時，他們就需要與第一關鍵人進行協調，把從你這裡獲得的關於產品的價值傳遞給第一關鍵人，討論是否購買你的產品。

總結起來，B類客戶就是：非第一關鍵人，但有需求和購買能力，認可產品價值，簽單週期為二十天。

C類客戶：簽單週期為三十天

所謂C類客戶，也就是你見的人是第三關鍵人，而不是第一關鍵人。這個關鍵人相當於公司的副總經理、銷售總監，或者說具體使用產品的部門經理。在與他們溝通的過程中，他們認可你產品的價值，但如果要簽單，他們還需要經過兩層確認：一是他們的直屬主管；二是第一關鍵人。也因為涉及的人數眾多，所以簽單的難度更高。C類客戶的簽單週期一般為三十天左右。

D類客戶：根本不會購買的客戶

所謂D類客戶，就是根本不會購買你產品的客戶。這一類客戶不認可你的產品價值，也沒有購買能力。D類客戶通常具有以下三種特點：

- 沒有購買能力。
- 不認可產品價值。
- 沒有需求。

以上三種特點只要滿足一種即為D類客戶。相較於目前大多數公司所採取的客戶分類方法，按照A、B、C、D四大類對客戶進行劃分，是一種更科學、更合理的客戶劃分方式。

那麼，業務員又應該如何分別對A、B、C、D這四類客戶進行判斷呢？後面我將詳細介紹。

02 遇到D客戶，我直接放棄

知道了A、B、C、D四類客戶的定義後，對於大多數普通業務來說，還有一個「過不去的坎」，那就是如何分辨和判斷不同類型的客戶。判斷客戶類型對於提高銷售效率和成交率是非常重要的。一旦你把一個D類客戶誤判成A類客戶，那麼你至少浪費三個小時的時間和精力，在一個根本不會簽單的客戶身上。但如果我們能提早判斷出這個客戶是D類客戶，那麼這三個小時我們就可以開發出一、兩個A類客戶。

況且，因為你的判斷失誤，當你帶著希望去拜見客戶，信心滿滿的等著簽單，結果對方卻根本不會購買你的產品，失望和沮喪的情緒由此而來，這對你的心態和信心也是一種打擊。既然判斷客戶類型對於銷售如此重要，那麼我們應該如何判斷客戶的類型呢？

如何判斷A類客戶

判斷A類客戶的方法有以下兩種：

▣ 正向問自己：為什麼他是A類客戶？

一天的拜訪結束後，你向你的上司彙報工作說：「我今天見了一個客戶，我判斷他是A類客戶。」

你的上司問：「為什麼他是A類客戶？」

你回答：「他是第一關鍵人，有需求，對產品也認可，也有付款能力。」

你的上司很可能會接著問：「那你今天為什麼沒簽單呢？」

你回答：「是這樣的，我今天跟他嘗試簽單最終沒有簽下來，可能是因為我的表現不太好。雖然他符合A類客戶的標準，但他可能還需要思考一下，我認為他可能考慮兩、三天才會回覆我。」

身為業務員，如果你能在談完客戶後，清晰的知道對方是否為A類客戶，並且知道沒有簽單的原因所在，那麼你就是一個頂尖業務。反之，如果你跟客戶談完後，不知所以然。當你的上司問你：「為什麼這個客戶不是一個A類客戶」，你可能會答不出來。

▣ 反向問自己：為什麼他不是A類客戶？

除了正向問自己「為什麼他是A類客戶」，有時候，我們也可以反向問一下自己：「為什麼他不是A類客戶？」這樣你就會推敲出你今天所見的客戶是不是第一關鍵人。

比如，你的上司問你：「為什麼他不是A類客戶」，你就可以這樣告訴他說：「因為今天見的不是第一關鍵人，這段時間第一關鍵人在外出差，等他下週回來後，我會和他見面溝通一次，這樣我就能判斷他是不是A類客戶了。」

為什麼要利用正向和反向問自己這兩種方法，來判斷客戶是否為A類客戶呢？這是因為，身為業務員，我們應該對自己的每一個客戶負責。當我們與客戶溝通完以後，我們要非常清晰的知道，我們跟這個客戶談到什麼狀態，哪些是已經做了的，哪些是還沒有做的。對於那些不認可我們產品的客戶，我們應該要用什麼樣的方式，才能讓他們認可並接受我們的產品。

如何判斷B類客戶

判斷B類客戶的標準有以下三個：

◘ 第二關鍵人，有需求，有購買意願

很多時候，出於一些原因，你可能無法見到企業的第一關鍵人，但是你可以見到企業

的第二關鍵人。此時，你應該先確定這個第二關鍵人，是不是你產品的使用者和受益者，並判斷出他是否有購買的意願。

如果他恰好對你的產品有需求、有購買意願，那麼，他就有可能成為你的B類客戶。

▣ 能成為你的盟友，為你引薦第一關鍵人

判斷第二關鍵人是否是B類客戶的另一個關鍵是，要看他是否願意為你引薦第一關鍵人，並成為你的盟友。

我們跟進B類客戶的目的，就是要透過第二關鍵人的引薦，見到具有最終決策權的第一關鍵人，或者讓他直接幫我們搞定第一關鍵人。如果第二關鍵人在對我們的產品有需求、有購買意願的基礎上，能夠幫助我們做到這一點，那他就是我們的B類客戶。

在和他溝通的過程中，你可以使用假設成交法來假設成交所產生的收益，和他探討如果他選擇了你，他將得到什麼好處，比如，他的薪資能提升多少、獎金能提升多少、業績能提升多少、他能由此晉級到怎樣的職位、他未來的發展空間會有多大等；如果他沒有選擇你，或者說沒有立馬選擇你，他又將遭受什麼樣的損失。比如，他在獎金上的損失、他未來職位上將面對的威脅等，以此來說服第二關鍵人成為你的盟友，讓他變成去幫你簽單或者是推動簽單的關鍵人物。

當你用資料化的東西向第二關鍵人說清楚這些正向和反向的因素，並為他做了詳細的利弊分析後，如果他認同你，並且願意全力以赴的幫助你去說服第一關鍵人，那麼他就是你的B類客戶。

要知道，第二關鍵人在老闆面前說一句：「老闆，我們必須做這件事情，我覺得這件事應該這麼做。不做的話，對我們公司現在和未來的收益影響很大。」可能比你說十句話都要管用。

▣ 可以在二十天之內簽單

如果第二關鍵人有需求，有購買意願，且願意成為你的盟友、為你引薦第一關鍵人。此時，你還要判斷你是否能做到在二十天之內成功簽單。

通常，當第二關鍵人願意為你引薦第一關鍵人後，你應該打鐵趁熱，盡快見到第一關鍵人。如果你想成為一個頂尖業務，那麼你給自己的時間點，應該是三天內見到第一關鍵人、二十天內簽單，並且最好是現場見、現場簽。

比如，你當天和第二關鍵人聊完，而他的老闆正好在公司，那你就可以請他幫你引薦一下。因為一旦超過這個時間點，客戶的熱度就會下降，而熱度一降，這個B類客戶可能就會變成C類甚至D類客戶。

如何判斷C類客戶

判斷C類客戶的標準有以下三種：

▣ 產品的使用者，認可產品，需要向上級主管彙報

在拜訪客戶的過程中，如果你沒有見到第一和第二關鍵人，見到的只是你產品的使用者，比如部門的總監、經理，或者某個相關的決策人和使用人，那麼，這個客戶就有可能是你的C類客戶。通常，C類客戶與最關鍵的第一關鍵人之間會隔有兩個甚至三個層級。

打個比方，如果你是一個電腦銷售人員，你在拜訪某公司時見到了該公司的人力資源部經理，這個經理兼管電腦採購事宜，但是在他的上面，還有人力資源總監和公司老闆；如果他對你的產品認可，但他若要購買電腦，還需要逐級彙報，那麼，這個客戶就是一個C類客戶。

▣ 對產品認可，願意逐級彙報

和B類客戶一樣，儘管C類客戶是產品的使用者，但是他沒有最終的購買決定權。所以，要想達到銷售目的，你必須透過C類客戶見到最關鍵的第一關鍵人，或者由C類客戶

幫你直接說服最關鍵的第一關鍵人（當然，這種事情機率很小）。而這一切，都必須建立在C類客戶認可你的產品、願意逐級上報的基礎上。

在拜訪C類客戶的過程中，你同樣可以採取上文介紹的說服B類客戶的假設成交法，來說服C類客戶，這裡不再贅述。

▣ 可以在三十天之內簽單

我們知道，C類客戶是沒有決定權的，如果他認可你的產品，也需要一級一級向他的上級或上上級進行彙報，並最終由第一關鍵人來做決定。

在拜訪客戶時，搞定C類客戶只是你工作中最基本的第一個環節。你自己必須清楚，你離簽單還有多少層關係。然後按照這個層級，你可以規畫好簽單時間。一般來說，這個簽單時間應該控制在三十天內。

比如，你見到的是第三關鍵人，那麼透過第三關鍵人見到第二關鍵人最好不要超過三天，透過第二關鍵人見到第一關鍵人最好也不要超過三天。算下來，你透過這個C類客戶見到第一關鍵人的時間，應該控制在九天之內。這裡之所以強調三天，是因為超過了這個時間界限，你可能就會陷入一個惡性的循環，而這樣的惡性循環將讓你永遠簽不了單。

如果透過C類客戶，你無法在限定的時間內見到第一和第二關鍵人，或者見到了也沒辦法在三十天之內簽單，那你就可以選擇放棄了。畢竟，世界上的客戶太多，你沒必要在一棵樹上吊死，浪費自己的時間和精力。

總之，掌握了A、B、C三類客戶的判斷方法，能夠提高銷售效率，避免因為對客戶的判斷出現失誤，而浪費不必要的時間和精力。

03 阿里鐵軍口頭禪：「我們今天就把合約簽了！」

在銷售的過程中，業務員經常遇到挫折、簽單失敗。故每一位銷售人員，在面對客戶沒有簽單時，仍應保持積極的心態並採取正確的應對方法。

對於業務員來說，A類客戶是最精準的客戶，也是大家最想簽單的客戶，但在實際的銷售中，這樣的客戶往往最不容易成功簽單。

那麼，為什麼會沒有簽單成功，又該如何避免簽單失敗呢？

為什麼你沒有成功簽單

一般而言，我們之所以沒有成功簽單A類客戶，主要有以下四種情況：

▣ 面對A類客戶，要麼簽掉，要麼變成D類客戶

面對沒有簽單的A類客戶，頂尖業務的做法是：要麼直接簽掉，要麼變成D類客戶，不再花時間去培養。而很多普通業務的做法卻恰恰相反，他們會花大量的時間和精力繼續跟進這個客戶。實際證明，他們的時間和精力就是這樣被白白耗費的。

所以，正確的做法是：爭取當場簽單。既然我們已經找到了目標客戶，並且與他見面溝通了，為何不能今天就把單子簽掉呢？

當我們與A類客戶見面時，可以運用這樣的話術技巧：「王總，我今天過來就是想跟你把單簽了，你看看還有什麼問題，沒問題的話，我們今天就把合約簽了。」本來這句話到了後面你也會講，那麼為何今天不講出來呢？

▣ 因沒有見到第一關鍵人而誤判A類客戶

既然沒有見到第一關鍵人，那麼你就繼續約見面、溝通即可。如果是因為你自己的判斷失誤，你可以在心裡懺悔反思，以避免下次再犯類似的錯誤。

▣ 客戶的需求是你幻想出來的

第三種情況是你認為客戶有需求，而事實上客戶根本沒有需求，他其實就想了解一下

你銷售的產品而已，他的公司對產品沒有任何需求。

▣ 業務員自說自話

第四種情況是，很多業務員在與客戶溝通的過程中總是自說自話，不懂得傾聽客戶的聲音，只是不停的對客戶介紹你的公司、產品、產品的功能等。身為業務員，我們要注意的是：我們是把產品賣給客戶，而不是強塞給客戶。

很多業務員在跟上司報告業績目標時，都會信心滿滿的說：「我今天一定要把這個客戶簽掉。」然後帶著這個必勝的決心出現在客戶面前，不停的要求客戶簽單。

這是正確的簽單方法嗎？

當然不是。這是最愚蠢的方法。你和客戶各說各的，這樣就會導致客戶對你產生質疑和不認可，於是對你說：「小王，不好意思，我等一下還有會要開，今天我們就談到這裡吧。」

出現以上四種情況的原因就是，你使用了不正確的銷售技巧。而你之所以使用這種不正確的銷售技巧，源於你給自己增加了心理壓力——告訴自己今天一定要把這個A類客戶簽掉。那麼，我們應該如何避免出現以上四種情況呢？

明明是A類客戶，為什麼還是失敗？

要避免A類客戶簽單失敗，我們需要做好以下兩個方面的工作：

▣ 做好工作管理

正確簽單A類客戶的工作方法有三個步驟（見圖7-2）。

比如，當你沒有完成本月的業績時，你就會產生焦慮情緒，壓力也會越來越大。這時，你需要靜下心來，回顧一下：我是否已經把A類客戶簽掉了？然後，在系統裡把所有的客戶重新梳理一遍，看看哪些客戶還有機會成為A類客戶，哪些客戶每天要保

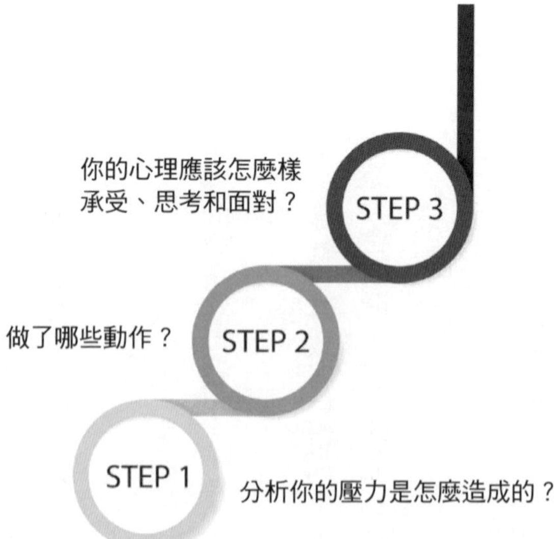
你的心理應該怎麼樣承受、思考和面對？
STEP 3
做了哪些動作？
STEP 2
STEP 1
分析你的壓力是怎麼造成的？

圖 7-2 正確簽單 A 類客戶的工作方法

持有效的開發。

對於業務員來說，最好的工作模式應該是，每天有效開發三家客戶。這樣一段時間後，你的系統裡每天都會有A類客戶。這樣的工作模式，需要你每天做如圖7-3的三件事情。

如果你保證每天有三家有效的新客戶開發，那麼你每天就都有A類客戶了。這樣，你就不會在面對客戶時，滿腦子想的都是「今天一定要把這個客戶簽掉」。

我們要與客戶達成交易，一定要在最後的二十分鐘裡去做，而不是前面的五十分鐘裡去做。很多業務員把這個順序顛倒了。當我們在面對一個B類客戶時，我們至少要等客戶認可了我們及產品的價值，我們也了解客戶的需求及付款能力後，接

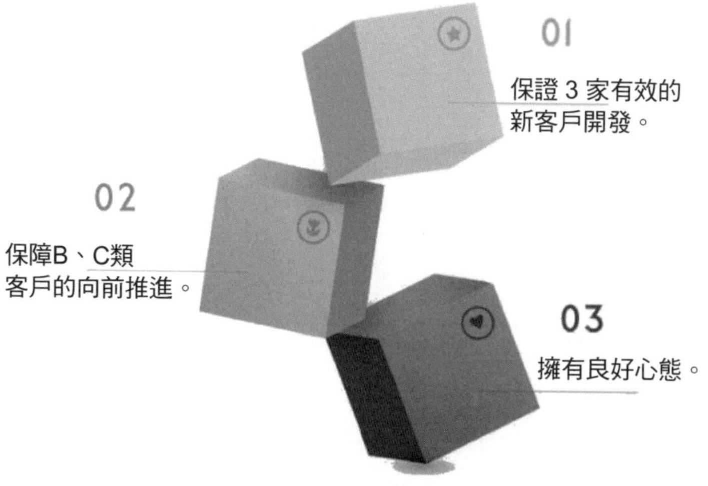
01
保證 3 家有效的
新客戶開發。
02
保障B、C類
客戶的向前推進。
03
擁有良好心態。

圖 7-3 每天有效開發 3 家客戶的工作模式必做的三件事

下來才能順理成章的簽單。

▣ 做好客戶管理

如今，每家公司都有相關的客戶管理系統。那麼，我們應該如何做好客戶管理呢？這裡有三個技巧和大家分享。

首先，A、B、C、D四類客戶屬性的管理。比如，你的客戶管理系統裡有八家A類客戶、十二家B類客戶、二十家C類客戶、二十家D類客戶，這些客戶分類是需要你每天去清理一次的。很多普通業務在清理這些客戶時，會有「棄之可惜，食之無味」的感覺，既找不到關鍵人，也約不到關鍵人，索性就讓這些客戶在系統裡靜靜的「躺」著。對於業務員來說，這是一種很不好的工作習慣。

身為業務員，我們要對客戶的屬性進行管理。

在管理客戶的屬性上，我有一個原則：**我的客戶只有A、D兩類客戶，沒有B、C兩類客戶**。即便我不小心拜訪了B、C兩類客戶，但沒有見到第一關鍵人，那麼在三天之內，我也一定會想辦法見到第一關鍵人。如果我約了很多次還是沒能見到第一關鍵人，那麼我會毫不猶豫的把這個客戶結案掉。

當我們在做客戶管理時，我們要對自己「狠」一點，這樣我們才能透過結果去找到方法，把我們「沉睡」的客戶盡量降低在十個以下。如果你能做到這一點，那麼恭喜你，你已經離頂尖業務不遠了。

其次，找身邊的資源幫助你。做好客戶管理並非易事，你可以找身邊的資源幫助你。那麼，誰才是你最好的資源呢？以下兩類人就是你最好的資源。

一類是**公司的頂尖業務**。在利用這類資源時，你可能會因為某種原因不好意思說出需求，那麼你可以告訴他這是一個什麼類型的客戶，你需要他為你提供什麼樣的幫助。

另一類是**你的主管、經理**。這類人的經驗比你豐富，可以幫助你做好客戶管理。

然後，**你的拜訪紀錄要寫清楚**。俗話說「好記性不如爛筆頭」，在實際的銷售中，我發現很多業務員在寫拜訪紀錄時像是記流水帳，比如「我今天見了張總，跟他聊了一下，他有意願，下次再聊」。

這樣的描述對於我們做好客戶管理毫無用處。我們在寫拜訪紀錄時，需要把描述寫得更加清楚、詳細。比如，我的拜訪紀錄是這樣寫的：

我約好了張總。張總是公司的第一關鍵人，經過我跟他的溝通，我了解到他對我們產品的所有功能都很滿意，但對我們的報價是不滿意的。他覺得我們的產品不值這麼多錢，我們的報價是二十七萬九千兩百元，他覺得只值十一萬九千兩百元。所以，我們在這個上面沒有達成共識。

最終，王總對我們的產品價值不完全認可，而我又找不到更好的辦法讓他認可。我們今天就在這樣的溝通中結束了，說下次再找機會，進行第二次的溝通。

我的判斷是，在今天的溝通過程中，我並沒有把我們產品的價值跟同行去做比較。我們的這個產品具體能給我們的客戶帶來什麼樣的價值？客戶對這個價值認可和不認可的原因是什麼？

你在第二次拜訪前查看這樣的拜訪描述時，就會清楚的知道，你和客戶上一次溝通的具體情況及你需要解決什麼問題。這樣一來，不僅會提高你的工作效率，還能提高簽單率，可謂一舉兩得。這也是我特別強調業務員需要把每一次的拜訪紀錄描述清楚的原因。你在寫拜訪紀錄時，或許會多花上三、四分鐘，但這三、四分鐘帶給你的結果可能是一筆價值不菲的訂單。

除了以上三點之外，要做好客戶管理，你還可以去找你的前輩幫忙。要知道，所有你今天踩過的坑、遇到的問題，你的前輩都遇到過。

做好客戶管理對銷售而言是非常重要的，你要清楚的知道你上一次做了什麼，哪裡做得好或不好，然後下一次要如何快速的彌補上一次的不足。

第八章

銷售就是為了成交，其他都是空談

很多業務員會開發客戶，卻不會跟進客戶。客戶跟進不是天天打電話「逼單」，有技巧、適度的嘗試簽單是客戶跟進的最好方法。

01 當客戶說再考慮看看時，怎麼辦？

沒有成交，何談銷售？銷售是以結果來論英雄的，不能成交，一切都是空談。成交是每一次銷售活動的終極目標，業務員只有與客戶簽單成交，前期的努力才會變得有意義，艱辛的工作才能得到回報。

簽單的技巧有很多種，每一種技巧帶來的結果又不一樣。那麼，有沒有一種方式能夠做到當你提出簽單時，客戶內心不是拒絕的，而是開心的、心甘情願的簽單呢？

當然有。那就是「嘗試簽單一百遍」（完成銷售、與客戶簽約的有效技巧和方法，可理解為「多次、不斷的嘗試簽單」）。對於業務員來說，它不僅能提高你的簽單率、工作效率，而且是一種快樂的簽單方式。為什麼這樣說呢？下面先透過我親身經歷的一個真實案例，來了解一下它的好處。

有一天，我去拜訪一家外貿企業，在與該企業的老闆溝通之後，我了解到該企業有需求和付款能力，阻礙成交最大的問題是：該企業的老闆有一個親戚之前是我們的客戶，但在使用我們的服務後，沒有達到預期的效果，這使得該企業的老闆遲遲不願簽單。了解到這一情況後，我對該企業的老闆說：

此產品非彼產品，你的產品是市場上的熱門產品，所有人都有可能會購買。這與你親戚的產品是不一樣的，他的產品做得不好，不代表你的產品也做得不好。

我之所以使用這樣的話術技巧，是為了打消他對親戚使用我們的產品後效果不好的顧慮。緊接著我又對他說：

根據我的分析，你做外貿很多年了，而且做得非常成功。我相信你來做這項業務拓展的話，你成功的機率比一般公司要高很多。所以，你不要把別人的不成功套用到自己身上，這樣對你是不好的。你的產品是不一樣的。這就好比能力強的企業和能力弱的企業相比，能力強的企業獲得成功的機率肯定會大一些，你同意我的觀點嗎？

聽完我的話，客戶肯定的點了點頭。我接著說：

既然你同意，那我們今天就把這件事定下來，把單簽了。

客戶一聽我說要簽單，立刻說道：「那怎麼可能呢，我們今天才第一次見面，哪有這麼快就決定的。」我回道：

既然你同意我的觀點，那我能問一下你，為什麼今天不能把單簽了？

客戶說：「總要讓我考慮一段時間吧？」我繼續嘗試簽單：

你考慮什麼呢？你現在還要考慮的話，後續無非有這樣幾種情況：第一，我回去後聯繫你，你說你還沒考慮清楚；第二，我再打一次電話給你，你告訴我你還沒考慮清楚。這樣，我以後肯定就不會再聯繫你了，因為我認為你沒有購買的打算，於是不再跟進你這一單了。這樣吧，我現在跟你算一筆帳，讓你看看和我們合作有哪些好處。

說完，我拿出一張A4紙，邊說邊算帳給他聽：十五（訂單數量）×十五萬美元（一個訂單的單價）×二〇%（利潤率）＝四十五萬美元。當我算完以後，我對客戶說：

我今天是拿著四十五萬美元跟你談的，如果你不簽的話，你將每個月損失四十五萬美元。

客戶看完我的帳目，搖著頭說：「不是這樣算的。」我說：

那我們再按照你的理解算一遍？

這時候正巧到了要吃午飯的時間，客戶想逃避似的說：「我要吃午飯了，我們以後再談吧。」

聽到客戶這麼說，我想要是今天不把這個單簽掉，以後他就是D類客戶了，所以我今天一定要把他簽掉。於是，我又對客戶說：

你先等一下吃飯，既然你不認可我的計算方式，那我再算一次。

然後，我又拿起一張A4紙，算完拿給客戶看，他說不是這樣的。我又拿一張，再寫一遍拿給他看……就這樣，我大概寫了三十張A4紙後，客戶說：「我簽，我簽。你太厲害了，本來我都沒有考慮過今天要跟你簽約的。」我說：

我也沒有考慮跟你簽約，是因為你的產品好，功能又強，所以我告訴自己，今天必須幫你一把，要不然我失敗了，你也失敗了。

這個案例至今回想起來，仍然歷歷在目。後來我把這個案例分享給了我的助理，有一天，他興奮的打電話跟我說：「你的嘗試簽單一百遍的技巧太厲害了。我從早上九點見到客戶，與他溝通後，一直不斷的嘗試簽單，在下午五點左右終於把單簽了。」

瞧，這就是「嘗試簽單一百遍」的好處。我透過五個小時不斷嘗試簽單，成功的拿下了訂單；我的助理透過八小時不斷嘗試簽單，也成功的拿下了訂單。總結起來，「嘗試簽單一百遍」至少有圖 8-1 所示的四大

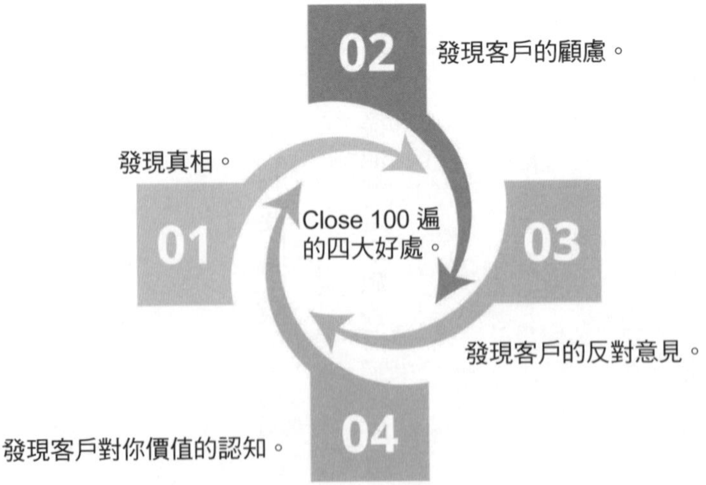

▲ 圖 8-1 嘗試簽單 100 遍（Close 100）的四大好處

好處。

當然，你可能會提出質疑說：有的客戶確實是第二次才簽掉的。是的，我承認有這種可能。但身為業務員，我們不要把第二次簽單作為一種工作習慣。如果你的大部分客戶是透過第二次、第三次拜訪，甚至更多次拜訪才能簽單，那只能說明你的能力不夠。你需要提升和訓練你的銷售能力，否則，你也難以成為頂尖業務。

在頂尖業務的世界裡，能一次簽單的，決不接受第二次。要麼簽掉，要麼結案，只有這樣，我們的工作效率才能提高五到十倍。

02 我的必勝絕招，嘗試簽單一百遍

在本節中，我將具體講解如何利用「嘗試簽單一百遍」，提高你的簽單能力、工作效率和成為頂尖業務的基本能力。

置之死地而後生，持續的提出簽單

對於想成為頂尖業務的業務員來說，一定要學會如何「嘗試簽單一百遍」。因為只有這樣，你才能把客戶所有的問題都問出來，比如：客戶是否認可你產品的價值、是否認可你、是否有其他顧慮……然後，印證式的解決所有阻礙我們成交的問題。

當你一直在與客戶嘗試簽單時，無非有以下兩種情況：

一是客戶被你「征服」。如果你有強大的力量和堅定的信念，也找對了關鍵人，那麼，溝通完以後，你就可以幫客戶做一個簽單的決定。記住，大部分情況下，客戶是不會主動跟你說要簽單的。你需要全力以赴的嘗試簽單，這樣不僅能提高你的工作效率，也可能會讓客戶感到溝通很愉快。

在實際的銷售中，我發現很多業務員到了簽單環節，不敢持續提出簽單，認為這是在騷擾客戶。其實，這是一種沒有自信的表現。身為業務員，我們要有勇氣持續提出簽單。哪怕不成功，你也有了相關的經驗，在下次的銷售過程中可以避免發生同樣的情況。

二是客戶拒絕。很多情況下，你與客戶的溝通進度就好比已經把水煮到了九十五度，你一直在向客戶提出簽單，客戶也一直在拒絕你。這時你說：「好吧，那我就不逼你了。」就是這樣一句話，你可能又丟掉了這一單。

在銷售中，把水從九十五度煮到一百度是一個艱難的過程。有時候差一步就可能成功，但人往往容易在最後一步時放棄。很多時候，**客戶只是一種習慣性的拒絕**。身為業務員，我們要慢慢的引導客戶，打消客戶的疑慮。必要的時候，我們甚至可以點一把火，讓水煮到一百度，達成簽單。

除此之外，在面對客戶的拒絕時，還有一個祕笈，這個祕笈就是用「置之死地而後生」的方式，去持續的提出簽單。當你在嘗試簽單一百遍時，你就要抱著一種「必死」的心態，要麼今天簽掉，要麼直接結案。如果今天不能簽掉，那麼對方就不是A類客戶，回去之後，直接把他歸納在D類客戶裡。

與其離開客戶後產生懊悔、沮喪的情緒，不如讓自己痛快一回。嘗試簽單一百遍，不成功便成仁。試想一下，如果你連嘗試的勇氣都沒有，你又如何提升業績？

這時候，怎麼說比說什麼還關鍵

我們已經知道為何要嘗試簽單一百遍，那麼，該用什麼樣的話術技巧去嘗試呢？

首先，我們需要回想一下，當我們向客戶提出簽單的要求時，客戶的反應是什麼？一般情況下，大部分的客戶會說：「我考慮一下。」這時，你會怎麼說呢？根據我多年的觀察，大致有以下三種反應（見圖8-2）：

第一種，大部分普通業務會說：「那好吧，你考慮一下。」這是一種最糟糕的反應。

第二種，有的業務員會說：「王總，你還考慮什麼呢？」相較於第一種反應，第二種反

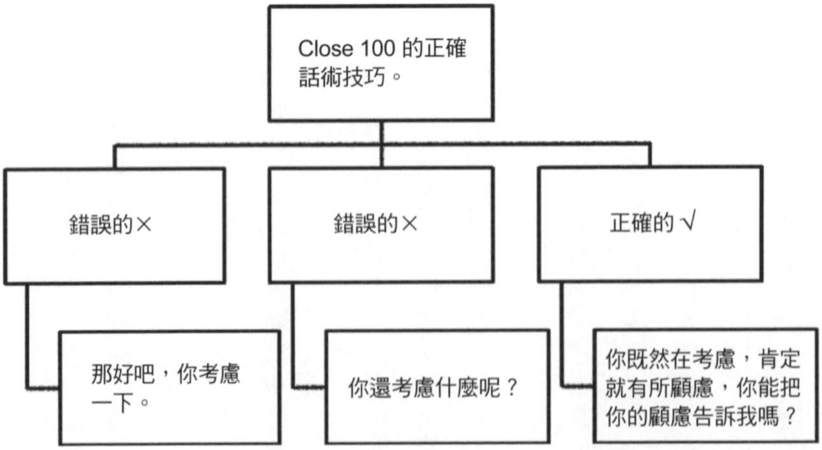
Close 100 的正確話術技巧。
錯誤的×
錯誤的×
正確的√
那好吧，你考慮一下。
你還考慮什麼呢？
你既然在考慮，肯定就有所顧慮，你能把你的顧慮告訴我嗎？

▲ 圖 8-2 Close 100 的正確話術技巧

應稍好一點，但語氣往往會讓客戶產生反感，所以這也不是最好的反應。

第三種，頂尖業務會說：

王總，你在擔心什麼呢？你既然在考慮，肯定就有所顧慮，你能把你的顧慮告訴我嗎？這樣我們今天就可以討論一下。

這時，出於一種「第一次見面不可能就簽單」的慣性思維，大多數客戶會說：「你總不能讓我今天就簽吧。」頂尖業務會說：

王總，你看你也認可我們產品的價格和價值，那麼你到底在擔心什麼呢？如果沒有擔心什麼的話，為了提高工作效率，那我們就把這件事情定下來。你是一位成功的企業家，如果說今天工廠要等著這個原材料去做產品的話，你會不會考慮？你肯定不會考慮嘛，你肯定會馬上說趕緊採購，趕緊下單。

現在你說要考慮一下，是因為你覺得這件事情沒有必要這麼快。但如果你現在簽單，那麼我們就可以馬上進入下一個環節，這樣你就可以提前實現利潤。

你要是不這麼做，你是不是會有損失呢？你看我們就差最後一步了，我們今天就把它簽了吧。

客戶可能會說：「你講得很有道理，但這段時間我們帳上的錢不多，我要等到那批貨款進來，才有錢來支付。」

到此為止，頂尖業務知道客戶不願簽單的原因是現在沒有資金。那麼，這是不是就意味著要放棄簽單呢？

非也！頂尖業務會接著說：

王總，那你大概什麼時候資金會到帳呢？

客戶說：「我已經了解你的產品，如果可以的話，這個月我會把這件事情定下來。但你們的產品是不是貴了一點？能不能再便宜一點？」

當客戶嘗試跟你討價還價時，就說明客戶有需求。這時，我們需要做的就是與客戶討論你的產品的價值，讓客戶認可你的產品價值。

除了討價還價，當你在向客戶提出簽單時，客戶還可能會說：「我們今天聊得很愉快，但我還需要與董事長商量一下，董事長這幾天不在公司，我要等他回來以後，與他商量一下。」

當客戶這樣說時，你就明白了他不是第一關鍵人，這時你需要跟對方進一步了解。你可以這樣說：

你覺得我們的產品怎麼樣，如果是你，會優先選擇我們的產品嗎？

如果客戶說：「根據我的了解，你們的產品雖然貴了點，但值這個價格。如果是我，我會選你們的產品。」這時，你要繼續問：

那依你對王總的了解，他會聽從你的建議嗎？

客戶說：「他應該會聽從我的建議的。」這時，你就知道他是一個關鍵人。知道這一點並不算完，你還要繼續了解。你可以問對方：

如果你與董事長聊完以後，最後的結果是不選我們，那你覺得最大的原因可能是因為什麼？

客戶說：「如果不選你們的產品，最大的原因可能是性價比。到時候可能需要你再來一趟，我們要把這個價值傳達給董事長。」這時，你就知道下一次拜見客戶時需要做什麼事情了。

事實上，銷售如同做偵察工作，即使今天我們不能成功簽單，我們也要想辦法了解，我們的問題出在哪裡。這樣一來，下次再去拜訪時，就能把問題解決掉了。

03 客戶的每個藉口，都是在給你機會

生活中常常會出現這樣的情形，妻子對丈夫說：「親愛的，我想喝水。」這句話表面上聽起來，妻子的需求是水，實際上，她的問題卻是「我渴了」。此時，丈夫只需要給妻子一杯可以解渴的飲品就可以，但不一定非要是水。

再如，男孩向女孩告白，女孩拒絕說：「我們相隔兩地，距離那麼遠，而且文化差異也很大。」這句話乍聽之下，女孩提出拒絕的原因似乎是距離太遠，實際上，真正的核心問題是男孩並沒有走進女孩的內心。

在銷售中，類似的情景也經常發生。比如，當客戶說：「再便宜點我就買了。」表面看，客戶是在嫌貴，實際上，這很可能只是他拒絕簽單的一個藉口。此時，如果我們對客戶真實的需求和拒簽原因判斷失誤，就很可能會錯過潛在的簽單機會。

我在阿里巴巴時，曾帶過一個業務員。有一次，這個業務員在彙報工作時告訴我，他的某個客戶已經談得差不多，就是卡在了價格上，他想給客戶打折。我便問他：「你確定是價格原因嗎？」

他十分肯定的告訴我，這個客戶已經跟了很久了，客戶對其他方面都很滿意，唯獨對價格略有疑慮。然而，根據我的判斷，這位客戶之所以這麼久沒談下來，絕不是價格原因。於是，我建議他先透過一個小測試去弄清楚客戶真正的拒簽原因。

我要他去告訴客戶，他已經向老闆爭取了更優惠的價格。如果客戶當場簽約了，就說明客戶確實在乎價格；如果客戶仍然在猶豫，就說明客戶另有拒簽原因。後來，這位業務員按照我的方法做。事實證明，客戶拒簽的原因果然不是價格。

相信在銷售中，許多業務員都曾遇到過類似的問題。通常，在嘗試簽單時，客戶都會給出各式各樣的拒絕理由。這些理由中，有的是真實的，有的是非真實的。如果業務員不去進行理性的分析和判斷，那麼簽單就會受阻。

那麼，業務員在嘗試簽單時，究竟應該怎樣去判斷客戶的真實需求和拒簽原因呢？

四大問題，問出客戶的真實需求

要判斷客戶的真實需求，我們首先應該找出客戶的痛點。痛點的背後往往就是需求。比如，某人的痛點是賺錢太難，那麼他的需求就可能是希望賺錢更容易；再如，某人的痛點是市場上難以買到好吃的包子，那麼他的需求就可能是想吃好吃的包子。在銷售中，挖掘客戶需求的過程，實際上就是尋找客戶痛點的過程。只有找對了客戶的痛點，才能進一步找出客戶的真實需求。如果找錯了，那麼需求自然就會搞錯。

在銷售中，客戶一定都知道自己的痛點，但並不是每一位客戶都願意主動說出，或者能說清楚自己的痛點。而我們也不可能一見面就問客戶：「你的痛點在哪裡？你的需求是什麼？」所以，更好的辦法應該是透過提問，引導客戶自己說出，然後再根據這些痛點，找出客戶的真實需求。我在阿里巴巴時，我們曾設計出了四大開放式的結構化問題，專門用於尋找客戶痛點。

透過圖8-3所示的上下關聯、環環相扣的問題，基本上就可以鎖定客戶的痛點範圍了。比如，客戶究竟對哪一方面不滿意？是業績還是

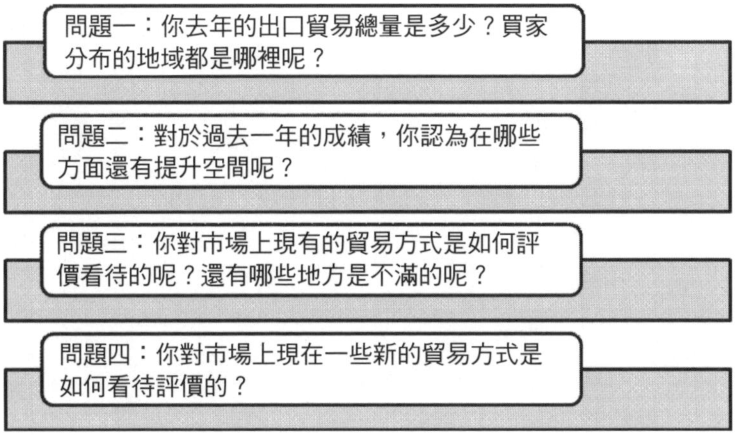
問題一：你去年的出口貿易總量是多少？買家分布的地域都是哪裡呢？
問題二：對於過去一年的成績，你認為在哪些方面還有提升空間呢？
問題三：你對市場上現有的貿易方式是如何評價看待的呢？還有哪些地方是不滿的呢？
問題四：你對市場上現在一些新的貿易方式是如何看待評價的？

▲ 圖 8-3 尋找客戶痛點的四大開放式的結構化問題

使用者數量，是市場規模、品牌、團隊還是貿易形式？

一旦確定客戶的痛點後，你就可以根據這點去找出客戶的真實需求了。然後，再根據這個找出來的需求，介紹你產品的某些特點和功能，以做有效對應。在阿里巴巴，這個過程又被稱為拋產品。而這個拋產品的過程，實際上就是解決客戶問題和滿足客戶需求的過程。

有信心，客戶才會下決心

當銷售進入了嘗試簽單的關鍵階段後，客戶總會含蓄的拋出各種問題，拒絕簽單。通常，這些拒簽問題又可以歸納為以下四大類：

■ 戰略問題。例如，在我們公司最近的戰略部署裡，這一部分可能還不是重點。

■ 策略問題。例如，我們公司在業務上才剛剛做了一個調整，現在可能還不是最好的時機。

■ 團隊問題：例如，我們目前的團隊架構還不完善，人手不夠，資源匹配也不是特別到位。

■價格問題。例如，我們沒有這個預算，你的價格太貴了。

許多普通業務，總是很容易被這些表面的拒簽理由所蒙蔽，認為客戶提出問題就意味著沒有簽單機會。事實上，從人性的角度而言，**當客戶以某個問題為藉口而拒絕簽單時，他其實是在給你機會**。因為客戶的每一個拒簽藉口，實際上都在向你傳達一種資訊，而這種資訊背後又往往蘊藏著一個共同的真實拒簽理由：**缺乏信心**。

大多數時候，客戶之所以拋出以上四類問題，都是因為他們還沒有足夠的信心決定是否簽單，他們的潛臺詞往往是：我對你沒有信心；我看不到收益期望；我認為這個決定是有風險的。

在面對客戶的這些拒簽問題時，我們最好的解決方案不是放棄嘗試簽單，更不是就事論事，正面的去解決問題，而是要採取反面解決問題的方式，透過解決那些客戶所提出來的具體拒簽問題，解決隱含在這個具體問題背後的核心問題——信心問題。點燃客戶內心的信心火苗，讓他們痛快的做出簽約決定。

比如，當客戶提出價格問題時，你可以反問客戶：「你認為多少錢合適呢，我可以給你打個折？」透過這樣的方式，去做一些回轉，也給客戶更多的資訊支撐，澈底解決問題，促成簽約成功。

嘗試簽約一百遍的根本，是切實解決客戶的簽約問題。在這個過程中，你只有掌握了客戶的實際需求，並找到客戶拒簽問題背後的真實原因，才能做到有的放矢，見招拆招，更好的說服客戶，最終讓客戶心甘情願的現場簽單。

04 頂尖業務，三分靠說，七分靠聽

《功夫熊貓》（*Kung Fu Panda*）是大家都很熟悉的一部電影。在這部電影裡有一個橋段，主人公阿波懷揣著大俠夢想上山拜師學藝，結果師父剛開口說沒幾句話，阿波就搶著劈里啪啦自說一通，師父的話一句也沒聽進去，武功也沒有一點長進。

在銷售中，也有很多和阿波一樣的業務員，他們非常能言善道。尤其是在嘗試簽單的環節，往往滔滔不絕、侃侃而談，絲毫不顧及客戶的感受。這樣的方式，往往達不到良好的效果。也就是說，當我們在跟進客戶時，尤其是在嘗試簽單的關鍵時刻，我們不僅要會說，更要會聽。真正的頂尖業務，既懂得如何去說，更懂得聆聽的重要性。

那麼，聆聽對嘗試簽單有什麼作用？在客戶跟進的過程中，我們又該怎樣去聆聽？

聆聽的三大好處

在客戶跟進的過程中，聆聽所帶來的好處主要表現在以下三個方面：

▣ 幫助你更深入的了解客戶

聆聽是你了解客戶的最好途徑。只有透過聆聽，你才能更深入的了解客戶背後的一些情況。比如，客戶公司的產品種類、公司的發展情況和業務狀況、客戶的實際需求等。這樣，你在嘗試簽單時才會更有針對性。

▣ 引玉之磚

透過聆聽，你會知道你所面對的客戶，過去在業務上的一些推廣形式和預算，包括他們今年的業務目標、去年的目標完成情況以及競爭對手的整體情況。這些對於你挖掘客戶資訊、向客戶拋產品，都非常有幫助。

▣ 促使你和客戶成為長期合作夥伴甚至朋友

在社交學裡有一個非常重要的觀點：友誼的建立靠的是隱私的累積。也就是說，你對一個人了解得越多，你們成為朋友的機率就越大。

透過聆聽，除了可以獲取一些與業務相關的資訊，你還可以了解一些客戶的個人生活情況，比如他的家庭背景、子女情況、過往經歷、對生活和職業的未來規畫等。而在這樣一個互相了解的過程中，你和客戶的距離也會不斷縮短，你們成為長期合作夥伴甚至朋友的機率就會增加。

總之，聆聽是你嘗試簽單時的重要武器，學會聆聽，你嘗試簽單時才會事半功倍。

聆聽的五大技巧

許多業務員並非不明白聆聽的重要性，只是在實際的銷售過程中，不知道應該如何去聆聽。的確，作為了解客戶更多資訊的一種重要手段，聆聽也是需要一些技巧的。總結起來，主要有以下五大聆聽技巧（見圖8-4）：

▣ 全神貫注，目光接觸

從某種層面來說，聆聽其實就和「間諜行動」一樣，需要全神貫注，仔細聽客戶所講的每一句話、每一個字，並觀察客戶的每一個動

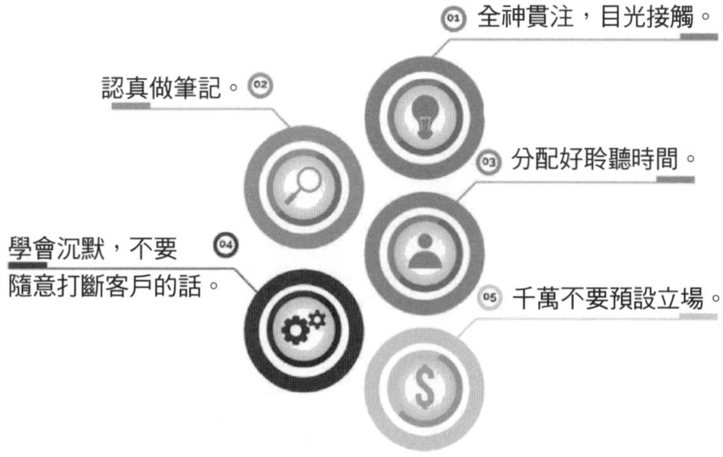

▲ 圖 8-4 聆聽的五大技巧

作和眼神。只有這樣，你才能更好的掌控節奏。

此外，當你在和客戶溝通時，你的**雙眼一定要始終盯著客戶兩眼之間的眉心，並且和客戶有目光的接觸**。從科學的角度來說，這樣做能夠營造出最好的眼神氛圍。

許多普通業務在聆聽客戶講話時，都沒有做到這一點，他們要麼眼神飄忽不定，要麼心不在焉。旁邊稍有動靜，注意力就轉過去了；聽到電話響，和客戶說聲「稍等」，就出去接電話。

事實上，這些行為都非常不禮貌，而且會對後面的簽單造成非常不利的影響。要知道，你思緒飄忽的那一瞬間，很可能就會錯過客戶所傳遞的一個重要資訊；你打完電話回來，客戶很可能就失去了繼續談下去的興致。

總之，在聆聽的過程中，千萬不能分心，要保持注意力的高度集中，並且事先將手機調成靜音。只有隨時保持專注，你才能營造出更好的銷售氛圍。

▣ 認真做筆記

在聆聽的過程中做好筆記，將客戶提到的關鍵資訊記錄下來，有助於我們回去後整理和消化談話的內容，為下一次的預約和拜訪做鋪墊，也代表著對客戶的一種尊重。

需要注意的是，在做筆記時，不要忘了時不時的和客戶做一些眼神和肢體上的互動。

比如，當客戶談到某個話題時，你可以身體向前傾、微笑點頭，表達你很認同客戶。

▣ 分配好聆聽時間

關於聆聽時間的分配，過去我在阿里巴巴時，我們有一個「三七」的概念。即和客戶溝通的過程中：**業務員說三〇％，聆聽七〇％；客戶說七〇％，聽三〇％**。這個時間分配的方式，是阿里巴巴總結了眾多業務員的銷售經驗得出來的。而根據我自己的經驗，發現在一對一的溝通和拜訪過程中，**如果業務員說話超過五〇％，那麼簽單機率就會降低**。

▣ 學會沉默，不要隨意打斷客戶的話

許多業務員在聆聽時都會有這樣一個壞毛病，客戶的話還沒有說完，就去打斷他。其實，這個舉動非常不禮貌，很可能會讓客戶產生反感，從而錯失成交良機。

所以，當你在聆聽客戶講話的時候，一定不能輕易打斷客戶。即便是客戶談嗨了、離題了，你也只需適當的去拋出幾個詞把他引導回來。

▣ 千萬不要預設立場

在聆聽的過程中，千萬不要預設立場。即便你對客戶的觀念並不認同，也一定不要站

到客戶的對立面。要明白，你只是針對某個問題和客戶探討，而且這個探討並不需要立馬就下結論。一旦你預設立場，你後面整個的銷售思路和過程就會發生變化，這對嘗試簽單十分不利。

此外，在聆聽的過程中，你還要帶著思考去聽。除了記住客戶所說的話外，你還要分析客戶的話，並學會保持沉默。其實，保持沉默在整個嘗試簽單的過程中是非常有用的。比如，當我們還沒有想好要怎樣去應對客戶提出的某個問題時，就可以先沉默幾秒鐘，把球完美的踢給客戶，讓客戶繼續往下說，給自己留足時間。等我們考慮清楚了，再就客戶的問題進行回應。

聆聽是一種重要的溝通方式，人與人之間的溝通，通常是從聆聽開始的。俗話說：禍從口出，服從心來。無論在銷售中還是在生活中，要想學會溝通，都得先學會聆聽。

第九章

快、狠、準，踢好臨門一腳：簽約

銷售是一場拉鋸戰，越到最後，越不能鬆懈。在銷售的過程中，前面做的所有努力和鋪陳，都是為了最後的臨門一腳——簽約。

01 客戶沒說不買，但你卻不敢開口要

在簽約之前，提出成交這一步究竟有多重要呢？

在阿里巴巴做銷售管理工作時，我每週都會和銷售部門的同事，深度分析銷售分類未簽約的A類和B類客戶。我們發現，大部分業務員在前面的銷售階段都沒有太大問題，之所以沒有取得銷售成功，主要是敗在了銷售的臨門一腳上。結合我自己多年一線銷售及銷售管理的工作經驗，我發現，至少有五〇%的客戶掉單，是由於業務員不善成交和成交不及時造成的。

講到簽約前的提出成交步驟，許多業務員或許會有這樣的疑問：簽約之前為什麼要先提出成交呢？不提出成交就不可以簽約了嗎？

在我剛從事業務工作時，也曾提出過這樣的疑問。如今，對於這個問題我已經有了十分篤定的答案：不提成交的確也能成交，但那樣的成交會讓我們錯過更多的單子。

打個比方，假如你喜歡一個女孩，並打算追求她，此時，你有兩個選擇：一是直接告訴她，二是不告訴她。那麼，哪種方式的成功率更高呢？很顯然是第一種。原因很簡單，

率先表達出喜歡之後，你無非會收到兩種回饋：接受或者不接受。

而接受又分為兩種：一種是直接說好，一種是默許。從這個邏輯上說，她只要沒有說不喜歡你，哪怕她拒絕了你，也還是在給你機會。反之，如果你不告訴她，那麼對方將永遠不知道你的心思和意圖，你和她的溝通就是無效的溝通。

同樣的，在銷售過程中，如果業務員不主動發出成交的信號和表達想成交的意願，就可能會給自己帶來三個方面的負面影響：

一是錯失溝通機會。銷售最關鍵的就是獲取和把握溝通機會。只有客戶願意聽你說、願意跟你聊，你才會獲得機會。反之，如果客戶並不知道你的真實意圖，就很容易找各種理由或藉口來回絕你。此時，即便你有一身武藝，也會無力施展。

二是錯失成交機會。提出成交就是為了爭取到最後的簽約機會。如果你事先不發出成交的邀請，而是搞突然襲擊，那麼就會很容易引發客戶的抵觸，並因此錯失成交良機。

三是錯失信任機會。不管你曾經花了多少時間和精力與客戶建立信任，在漫長而毫無意圖的溝通中，這種信任都會消失殆盡。

總之，在銷售的過程中，越早提出成交要求，發出成交提議，對銷售越有利。那麼，業務員應該怎樣提出成交呢？下面介紹四種有效的成交方法，它們分別適用於四種不同類型的客戶。

談話式成教法，適合無尾熊型客戶

談話式成交法的核心法則就是**利用邏輯去成交**，這也是四種成交法中最難的一種，它主要**適用於不擅長作決定、喜歡被帶著走和順其自然的無尾熊型客戶**。

談話式成交法對銷售策略的結構化設計要求非常高，採用這種方法時，業務員的邏輯一定要嚴密，思路一定要清晰。要提前設計好銷售步驟，一步步將客戶引向簽單，每個步驟之間的銜接要自然。此外，談話式成交法的每一個環節和步驟，都必須得到客戶的認同和確認，不能是業務員自己自圓其說。通常，談話式成交法可以按照以下步驟進行（見圖 9-1）：

首先，透過提問和溝通，發現客戶的

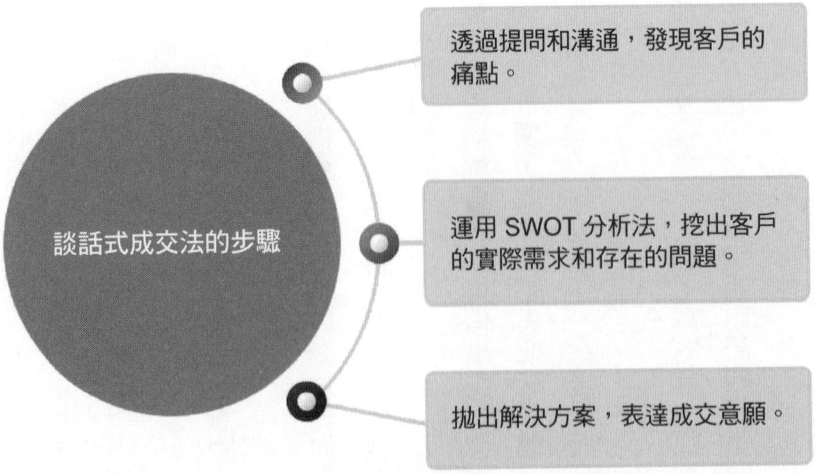
談話式成交法的步驟
透過提問和溝通，發現客戶的痛點。
運用 SWOT 分析法，挖出客戶的實際需求和存在的問題。
拋出解決方案，表達成交意願。

圖 9-1 談話式成交法的步驟

痛點；其次，運用SWOT分析法（優勢、劣勢、機會和威脅），挖出客戶的實際需求和存在的問題，告訴客戶如果不解決這個問題，將會帶來怎樣的影響；最後，拋出解決方案，表達成交意願。在談話式成交法的運用過程中，需要注意兩個問題：

- 成交是最後階段的談話，必須銜接得天衣無縫，讓客戶感覺順其自然、理所應當。
- 成交前期的鋪陳和準備工作一定要做足，時機不到，千萬不要出手。

直接成交法，適合老虎型客戶

直接成交法的核心原則是**利用公式去成交**，通俗來說就是勇敢的、大膽的、持續的向客戶提出成交，發出成交提議，以達到簽約的目的。**這種方法簡單粗暴、直截了當，不喜歡拖泥帶水和繞彎子，喜歡做決策的老虎型客戶最適用於這種**。

同時，直接成交法也是目前使用最廣泛的一種方法，許多頂尖業務都是直接成交法的運用高手。

直接成交法始終是圍繞「成交」進行的，這就要求業務員本身一定要熟練掌握業務，並具有很強的問題及危機公關處理能力。通常，能駕馭這種方法的業務員，都是經驗比較豐富的老兵，新人在使用這種方法時必須經過大量的訓練。

一般來說，在使用直接成交法時需要注意以下三點：

■要持續不斷的進攻並堅持到最後一刻。比如，你前面提了三次成交提議，客戶都拒絕，如果你因此而放棄，那就會澈底失去機會。相反的，如果你再堅持一下，也許第四次就成功了。很多時候，銷售的成敗往往就取決於你是否多堅持那麼一下。

■只要感覺時機到了，隨時都可以提出成交；哪怕時機未到，你也可以試一試。

■面對客戶的拒絕，不要氣餒，更不要逃避。正所謂「兵來將擋，水來土掩」，要始終牢記客戶拒絕你時，反而是給了你溝通和解釋的機會。

假設成交法，適合孔雀型客戶

假設成交法也稱為假定成交法，其核心原則就是**利用細節成交**，即主張透過假設已經與客戶達成合作或即將合作，並就合作細節進行溝通，以此來避開客戶所關注的某個核心問題，或者避開那些關聯性和概念性的話題，從而促成簽約。通常，**喜歡交際、積極活躍、愛成為焦點的孔雀型客戶**，**最適用於假設成交法**。

假設成交法具有以柔克剛、以靜制動的優勢，十分適用於處理反對意見。這種方法的聰明之處就在於，能夠巧妙的利用細節話題，試探客戶的成熟度和意願度，做到潤物細無聲，既不會顯得生硬，也不會造成尷尬，哪怕不成功也不會影響整個銷售節奏。

比如，當客戶對某個問題死咬不放時，你可以運用假設成交法聲東擊西，直接避開問題，或者直接深入探討這個問題背後的細節話題，以此來默許你們已經合作了。如果客戶願意與你進一步溝通，就說明客戶有合作的意願；反之，就說明客戶還沒有準備好。

假設成交法也是四種成交方法中最依賴於技巧的，它對業務員的細節捕捉能力也有很高的要求，能駕馭這種方法的業務員，一般都是極其成熟的銷售高手。

在運用假設成交法時，最重要的一點就是要根據業務和產品特點，設計出假設成交將會涉及的細節問題。這些問題可以沒有標準答案，但一定要是客戶可以回答出來的，並且要根據客戶的反應，及時作出策略性的調整。當然，設計細節問題的目的在於拋出成交需求，所以，業務員也不能沉迷於細節問題本身。

衡量式成交法，適合貓頭鷹型客戶

衡量式成交法特別**適用於對資料敏感、喜歡思考的貓頭鷹型客戶**，其核心思想就是對自己銷售的產品或服務進行提煉和總結，用價值論將其表現出來，形成一張價值表，並**利用價值對比去引導成交**。即透過幫客戶算帳，讓客戶能夠清晰的看到合作後可能給他帶來的價值，比如使用產品後，一年可以節省多少成本、提高多少收入等，最終促使客戶做出成交決定。衡量式成交法也是我個人比較推崇的一種成交方法。

在使用衡量式成交法時，需要注意以下兩點：

■ 你呈現給客戶的價值必須是一個可量化的、精準的數字，而不能是概念。算帳的時候，最好直接拿出紙和筆，當著客戶的面一筆一筆的算給客戶聽。這是因為，算帳的過程其實也是觀察客戶的最佳時機。

■ 你必須對比使用前和使用後的效果，讓客戶能更直觀的看到價值。

以上即為四種常用的成交方法。需要注意的是，不論哪一種方法，都是從實戰中沉澱積累和提煉總結出來的，而不是空想設計出來的。要想熟練掌握它們，必須學以致用，在實踐中不斷去摸索和訓練。

02 三個最佳簽約時機，你抓住了哪一個？

銷售的終極目標是為了簽約。在銷售的過程中，業務員需要不斷的跟不同的人交流，經歷無數次的拒絕和挫折，甚至面對客戶的有意刁難和不近人情，這都是為了簽約的那一刻。對於業務員而言，簽約成功的那一刻，才能說明前面經歷的萬般辛苦都值得。

但是，在實際的銷售過程中，我發現許多業務員非常努力，表現也接近完美，卻因為在臨門一腳的關鍵時刻沒有把握簽約時機，或沒有注意簽約細節而功虧一簣，實屬遺憾。

為了避免這種情況的發生，在這一節中，我將詳細給大家介紹一些判斷簽約最佳時機的相關知識，並和大家聊一聊簽約過程中應該遵守的商務禮儀。

三個最佳的簽約時機

要做成一件事，缺不了天時、地利、人和，與客戶簽約也要看準時機。這就好比兩個人談戀愛，選擇在合適的時候說出「我喜歡你」這句話至關重要。簽約時機選對了，簽約就能事半功倍。一般來說，當客戶出現以下三種表現時，就表示最佳的簽約時機已經到來（見圖9-2）：

▣ 客戶的眼神裡透露出了渴望和激動

當你在和客戶交流時，如果聊天的氛圍很好，最後的嘗試簽單也進行得很順利，客戶基本沒有什麼問題了，並且透過觀察客戶的面貌，你發現客戶是喜悅的，或者客戶對你的產品和話語有明顯的興趣，或者客戶眼神裡透露出了渴望和激動。此時，就說明你們最佳的簽約時機已經到來，你可以打鐵趁熱的對客戶提出簽約，比如：「王總，要不我們今天就把它簽了吧！」

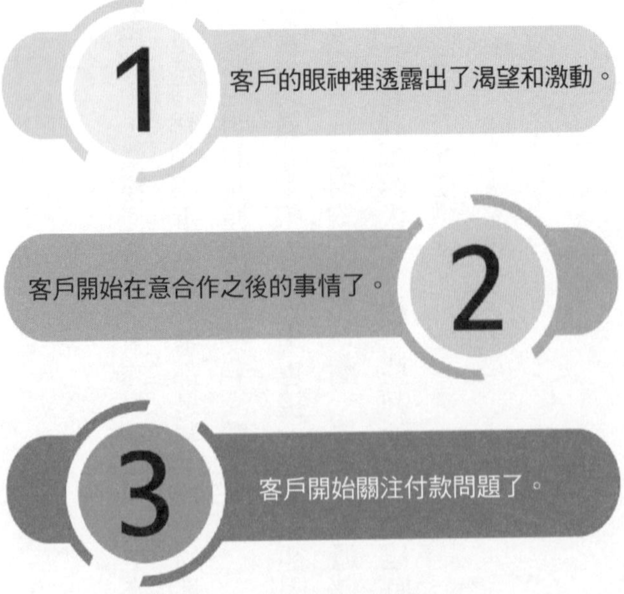
1
客戶的眼神裡透露出了渴望和激動。
2
客戶開始在意合作之後的事情了。
3
客戶開始關注付款問題了。

圖 9-2 簽約的三個最佳時刻

▣ 客戶開始在意合作之後的事情

當你在對客戶進行嘗試簽單時，你發現客戶的言語之間，已經開始在意起合作後的事情，比如，客戶開始問一些諸如售後服務等合作之後的問題時，就意味著最佳的簽約時機已經到來。此時，你可以順著客戶的話題進一步展開，並且巧妙的提出簽約。

▣ 客戶開始關注付款問題

在和客戶溝通的過程中，如果你發現客戶已經將話題引向了付款方面，比如，怎麼付款、什麼時候匯款等，就說明客戶已經預設可能會簽約。他實際上是在向你發出一種信號：我是有興趣和你合作的。此時，你就可以順勢提出簽約了。

以上簽約的三個最佳時機，在業務員和客戶談判的過程中至關重要，需要業務員不斷總結、實踐和準確把握。

總之，簽約的細節非常重要。業務員在簽約的過程中，一定不能抱著「到了簽約這一刻，就可以高枕無憂」的想法。在實際的銷售過程中，因為一個細節沒有到位，導致簽約失敗的案例比比皆是。記住，不到客戶簽字落筆的那一刻，千萬不要鬆懈。

第十章

成長從學習開始，事業從實踐進步

在這個多元化的資訊時代，我們學習和獲取理論知識、前輩經驗的途徑很多，而如何將這些學習所得，運用到實踐之中，轉化為實際能力，才是最大的挑戰和最重要的事情。

01 跑錯方向，再努力也沒用

在現實的銷售中，我常常會聽到業務員抱怨：為什麼我付出了那麼多的努力，可是還是不如別人賺的多？

我們在工作中經常會看到有那麼一種人，他們知道銷售方法，工作也兢兢業業、誠誠懇懇，像埋頭耕地的老黃牛，但是到了月底，業績卻不盡人意，簽約也總是不順利。面對這種情況，業務員就應該反思一下，自己是不是「走」錯了方向？

經過我多年的觀察，我認為之所以會出現這樣的問題，主要源於以下四大原因：

▣ 不好學

有很多業務員，一直苦於自己沒有銷售能力而無法提高業績。既然你沒有銷售能力，就應該去向你所在行業的頂尖業務學習，向他們學習銷售的心法、方法、策略、精神、心理、話術技巧等。

▣ 惰性

比如，你計畫今天要拜訪六家客戶，最後卻只拜訪了三家。這就好比許多人減肥時，每天都想跑完十公里，卻往往只跑到四公里就放棄了。這是人的惰性使然。

▣ 喪失行動力

很多業務員每天都在說這個月要完成多少目標，可是卻鮮見付諸行動。晚上想著千百條路，早上起來還是走原路。身為業務員，我們要提高業績，必須知行合一，立刻行動，立刻改變。

▣ 沒有夢想

首先你要問一問自己：我有夢想嗎？然後弄清楚你的夢想到底是什麼。我所說的夢想不是指那種實現財務自由、心靈自由的宏大夢想。我所說的夢想是指作為一個業務員，你今天的奮鬥目標是什麼？一旦你明白了自己的目標，所有惰性都會為你的目標讓路。

當你想清楚你的夢想是什麼時，就是你的蛻變之時。有時候，阻礙你的不是遠方的那座高山，而是你腳底下的那塊石頭。比如，你今年的目標是成為全國名列前茅的業務員，你需要做到四千萬元的業績，要達到這四千萬元你每天必須開發六家客戶。如果你今天不能開發六家客戶，明天也不能，那麼你的目標對於你來說，永遠只是海市蜃樓。

當你明白了你的夢想後，你就會有動力逃離舒適區，遠離惰性，每天不開發六家客戶不甘休。有了這個念頭以後，你離頂尖業務就不遠了。當然，我的意思並不是說你一定要成為第一名，而是你必須弄清楚自己的目標。人只有有了目標，才會有動力。

說到這裡，很多人會說：「賀老師，這樣的道理我都明白，但我還是做不好。」那麼，我再問你兩個問題：你是否清楚你每天的奮鬥目標？你是否清楚你今天要簽掉幾家B類、C類客戶？

如果這兩個問題你的回答都很清楚、肯定的話，那麼恭喜你，你已經在成長了。身為業務員，我們要不斷的透過學習，來彌補自己的不足。比如，你的能力不行，就去學習銷售技巧；你的目標分解能力不行，就去提高目標分解能力；你的心態調整能力不好，就去培養心態調整能力……當你把這些不足都補足，那你就是一名頂尖業務了。

人群中，永遠只有五%的人能站在頂峰。當然，你努力了也不一定就會成功，但如果你不努力，你連成功的機會都沒有。只有努力到無能為力，奮鬥到感動自己的時候，你才能不斷的蛻變昇華。

02 這是一門技術活，不能投機

在電影《後會無期》裡有這樣一句臺詞：「聽過很多道理，依然過不好這一生。」這句話運用到銷售中，同樣成立。前面我講了許多銷售知識和技巧，可能很多業務員在讀完之後依然會有這樣的疑問：「你講的這些銷售知識和技巧我都認真學習了，為什麼還是沒有進步呢？」

的確，很多時候，我們掌握了一大堆理論知識，可實際操作起來效果卻並不顯著。為什麼？其中很關鍵的一點便在於，你有一顆投機心。正是這顆投機心，阻礙了你對這些銷售知識和技巧的領悟、消化以及學以致用。

那麼，何為投機心？所謂的投機心，就是指人們放著原有的路徑不走，非要另闢蹊徑，妄圖省時省事。在現實生活中，大多數人的投機心可能都無法如願，只會讓自己撞牆，頭破血流，最終還是要返回去，繼續走老路，省事不成反而費事。

我發現，大部分業務員在做銷售時，其實都有喜歡投機的通病。這種投機心理通常又可以分為兩種，一種是思想層面，一種是行為層面。

思想上的投機

歸納起來，普通業務在思想上的投機心理主要表現在以下兩個方面：

▣ 偷工減料，忽視了銷售本身的規律和法則

銷售是一個先播種、後收穫的過程。換言之，業務員在銷售時，如果沒有龐大的拜訪量，就不會有積累，而沒有積累，就無法簽單。

道理很簡單，可是許多業務員在實際的操作過程中，卻並不認可這個規律，甚至會去抵觸這個規律。他們總是妄圖偷工減料，想以一種省略複雜過程或者說更輕鬆、更快捷的方式去成交。這便是一種典型的思想上的投機。

造成這種投機心理的主要原因是，許多業務員在實際的銷售中，總是容易受到以往知識結構和慣性思維的影響，跳不出固有的思維模式，離不開自己的舒適區。

也正是基於這個原因，過去我在阿里巴巴時，我們會特別招募一些沒有工作經驗、但有業務潛質的畢業生。這些剛畢業的學生因為沒有從事過業務，沒有慣性思維，所以更容易接受並執行阿里巴巴的銷售觀念和銷售方法論。而且，針對這個觀念和方法論，他們往往更願意去研究、去嘗試，通常也適應得更好，成長得更快。

那些過去在不同行業做業務，甚至做得非常出色的業務員，到了阿里巴巴以後反而容易受挫。經過分析我們發現，這其實就是投機心理在作怪。因為投機心理，這些業務員會固守在自己原有的思維裡，很難再接受一套全新的思維和方法論。他們總是會不自覺的用那些過去讓他們取得了優異成績的行銷方式，而那些方式在阿里巴巴卻並不一定能見效。

▣ 渴望一招致勝

投機心理的另一個典型表現便是渴望一招致勝。在銷售的過程中，許多業務員總是渴望擁有一門必殺技，能讓他們不用起早貪黑的拜訪客戶，就順利簽單。這樣的必殺技，顯然是不存在的。

毫不誇張的說，現今，許多業務員對銷售這件事的認知，往往還停留在一個比較淺顯的層面。當他們在聽頂尖業務分享一些簽單經驗和簽單技巧時，會誤認為這些經驗和技巧就是一個方法論，於是照搬照抄，進行簡單的模仿，而不去深入的分析總結這些經驗和技巧背後的銷售策略。

比如，某個業務員聽說張三送客戶一本書就成功簽單，於是就覺得送書可以簽單，下次拜訪客戶時也送書；聽說李四陪客戶打了一場高爾夫就把單給簽了，於是也邀請客戶去打高爾夫球……類似這樣的行為，相信很多業務員都經歷過。

當然，我並不是要否定這種學習，我在很多場合都強調過，學習是一種重要的技能。但我所謂的學習，絕不是指照搬照抄，而應該是透過現象看本質，歸納總結別人成功簽單的背後策略和方法，這才是學習的精髓。

總之，銷售沒有捷徑，如果你妄想透過某個技巧一招致勝，那麼你就註定只能做普通業務。

行為上的投機

我在前面已經強調過，業務員的投機心理，一般表現在思想和行為兩個方面，下面就來梳理行為方面的投機。通常，行為上的投機也表現在兩個方面：

▣ 沒有養成好的銷售習慣

什麼是習慣？習慣就是你平時根本不會去想某件事，但是一旦到了某個場景，就會產生條件反射，立刻進入狀態。比如，因為養成了良好的作戰習慣，訓練有素的士兵一到了戰場上，便會立刻進入角色，下意識的去聽槍聲、去辨別武器的射程、去確認敵人在什麼位置、去思考自己的掩護體應該在什麼位置等。

從這個角度來分析，所謂的銷售習慣，其實就是指將銷售動作標準化、體系化，讓銷售成為一種條件反射。簡單來說，就是當業務員不在銷售場景中時，你可能感覺不到他是做業務的，但是一旦將他放置到銷售場景中，他便會瞬間進入業務模式，全身心的投入業務角色中去。

我們都知道，銷售是一個繁瑣冗長、細節繁多的過程。而且，在這個過程中，一個業務員往往需要管理少則幾十個、多則成百上千個客戶，並且每個客戶的類型、狀態、需求痛點和解決方案也都不同。這就決定了我們在銷售的每一個環節，無論是談客戶環節、簽單環節，還是講產品環節、挖掘需求環節，都必須養成良好的銷售習慣，形成一套統一的銷售標準。否則，銷售就會變成一件困難的事情。

比如，在嘗試簽單的環節，業務員必須養成嘗試簽單的習慣，即不管客戶談到了什麼狀態，都要敢於在每一次談判即將結束時，勇敢的提出簽單。當然，業務員嘗試簽單的目的，並不是說立刻就要簽單，而是要透過這個過程，去判斷客戶的意願、發現客戶的問題，把客戶看得更清楚，從而推動整個銷售的進行。

再如，業務員必須養成讓客戶轉介紹的習慣。不管客戶談得怎麼樣，都要養成讓這個客戶幫你去介紹其他客戶的習慣，從而讓自己獲得更多的銷售機會。

總之，業務員只有養成了良好的銷售習慣，並且練就了自己的一套「獨門武功」，才能更好的駕馭銷售過程，達成銷售目的。

▣ 在行動上缺乏持久的練習

前面我強調了養成良好的銷售習慣的重要性。其實，養成習慣還不夠，要想讓這些習慣穩定下來，並充分發揮作用，還必須在行動上加強練習。

這是因為，構成習慣的那些小動作往往是非常瑣碎、非常容易遺忘的，你不練習，就無法讓它們成為一種潛意識行為。

比如，你養成了嘗試簽單的習慣，可是你卻不去拜訪客戶、不去實踐，那麼這個習慣又有什麼意義呢？

克服銷售投機心理的關鍵：「一心三力」

不可否認的是，在銷售中，人人都會犯錯。犯錯並不可怕，可怕的是不知道錯在哪裡，更不知道如何糾正。

透過分析我發現，其實大部分業務員在銷售中之所以存在投機心理，是因為他們沒有真正看清銷售的本質，沒有真正掌握銷售方法，以及沒有找準銷售切入點。下面，我將帶領大家共同來解決這些問題。

結合我自己做業務、做管理、帶團隊，包括創業的整個經歷，我認為所謂的銷售，其實就是做到「一心三力」。**「一心」指的是銷售心，「三力」指的是銷售力、執行力和影響力**。只要做到了「一心三力」，相信我們每個人都能克服投機心理，真正做到知行合一，將銷售落實。

▣ 銷售心

銷售心等同於初心。當你選擇了走上業務這條路，你首先要做的，便是捫心自問：我為什麼做業務？我做業務的初心是什麼？除了業務，我還可以透過別的途徑，達到自己的目標嗎？只有弄清楚了這些問題，你才能更坦誠的面對自己，更加腳踏實地。

▣ 銷售力

銷售力即勝任力，也指銷售的基本功。當你弄清楚了自己做業務的初心後，還需要鍛鍊自己的銷售力，比如產品力、表達力、推動力、拿結果的能力等。練好了這些能力後，你的銷售能力自然會大幅提升。

▣ 執行力

對於執行力，大家都不會感到陌生。很多時候，銷售比拚的其實就是執行力。而之所以那麼多的業務員會產生投機心理，也正是因為他們自身的執行能力不夠，妄想做事情都能一勞永逸。

▣ 影響力

歸根究柢，行銷其實就是兩個人之間的一場對話，誰的影響力大，誰就能贏得這場對話的最終勝利。我這樣說，可能很多人會覺得迷惑，但如果我們將這種影響力具體到個人魅力，那麼理解起來就容易多了。

我們都知道，銷售的核心便是推銷自己。在這個過程中，如果業務員具有巨大的個人魅力，即影響力，那麼他就能將自己以溝通的形式傳遞給對方，他在銷售中就能占據更大的優勢。

總之，銷售是一門技術活。業務員在銷售的過程中，除了要學習必要的銷售知識和銷售技巧外，更要知行合一，學以致用。當然，要想做到這些，首先要摒棄的便是銷售中的投機心理。

03 天天養成成交習慣，你也可以成為銷售冠軍

好的習慣促進好的行為，好的行為成就好的結果。而所有的好習慣，都必須在實踐中養成。在前面，我花了很多篇幅講解相關的銷售知識和銷售技巧，目的無外乎是要幫助業務員建立一個完整的行銷知識體系，指導業務員能更好的進行銷售，為養成好的銷售習慣奠定理論基礎。那麼，在實際的操作中，業務員又應該怎麼做、養成哪些高效習慣？下面，我將為大家做一個梳理。

▣ 思考的習慣

所謂一日三省吾身，善於思考、懂得分析是業務員必備的素質之一。身為業務員，你可能每天都需要去拜訪客戶，時間也安排得很滿、很緊。因此，你必須養成善於思考的習慣，才能讓每一天的工作變得更有邏輯、更有意義，才能讓自己得到更快速的成長和更好的提升。

需要注意的是，我這裡所說的思考，不是一個偶然的行為，更不是有針對性的出現在

某個銷售節點上，而是指一種持續性的思考。這種思考是打破了時間和空間的概念、貫穿於整個銷售過程、融入業務員血液之中的思考。在這我和大家分享一下我的思考方法。

在從事業務行業的這些年裡，我一直保持著一個良好的習慣。比如，每次談完一個客戶，從客戶的辦公室走出來，在趕往下一個客戶的路上，我都會把剛剛拜訪客戶的情形在腦海裡仔細重新想一遍。在這個過程中，我會認真的問自己，如果我再去拜訪一次客戶，我該怎麼去談，怎麼去做。透過這個思考的過程，我往往能找出這次拜訪中存在的主要問題，比如和客戶談判時哪裡說得不對，哪個時間節點沒有把握好等。而這些，無疑能夠幫助我在下一次的客戶拜訪中，減少問題的發生，做到更好。

這個思考的過程，對於銷售其實非常有利，時至今日，我依然保持著這樣的思考習慣。在每晚睡覺前或者工作的空隙，我都會對自己的工作做一個梳理和總結。

▣ 總結的習慣

很多人總是習慣將總結和思考混為一談。其實，這兩者並非同一個概念，而且是有本質區別的。思考更偏向於分析，而總結則需要提煉。

在前文中我已經強調過，銷售必須抓重點。而所謂的抓重點，實際上就是一個總結提煉的過程，尤其是對產品價值的提煉。從這個層面來說，和思考一樣，總結也是業務員必須具備的一項重要能力，這項能力直接決定一個業務員的銷售效率。

要想讓自己具備這樣的能力，業務員必須養成每天總結業務的習慣。這裡的業務總結，包括了客戶總結、銷售總結、自我總結等。

◙ 早起的習慣

如果你仔細觀察身邊那些頂尖業務，就會發現他們其實具有一個共同的特質，那就是他們的作息通常都十分規律，他們不太會熬夜，而且都習慣於早起。

銷售其實是一項既需要體力又需要腦力的工作，業務員在工作時，必須具備充沛的精力。而好的精力又來源於好的休息，所以，早睡早起對於業務員十分重要。

從另一個層面來說，你起得早，就意味著你的機會比別人多。反之，如果你起晚了，當你晃晃悠悠的趕去見客戶的時候，客戶很可能早就被別人搶走了。要明白，銷售除了拚實力，更需要拚時間。所以，養成早起的習慣對於銷售而言非常重要。

◙ 勤奮的習慣

古往今來，凡是能成大事者，無一例外都具有勤奮的特質。具體到銷售上，衡量業務員勤奮與否的槓桿，其實就是**拜訪量**。在前面，我多次強調銷售的播種收穫原理，以及業務員的客戶沉澱的重要性。作為一個業務員，要想取得更好的業績，就必須拜訪更多的客戶、擁有更多的經驗積累，而這些經驗積累，靠的就是勤奮。

在業務行業，幾乎沒有一個頂尖業務的成功是能夠脫離勤奮的。如果你去問那些頂尖業務有什麼成功的祕笈，相信你得到的最多的答案就是「勤奮」兩字。對於業務新人而言，勤奮就更加重要了，因為他們本身在能力上已經落後於人，再不「笨鳥先飛」，勤於彌補，就註定會被行業淘汰。

需要注意的是，許多業務員通常會抱有這樣一個錯誤的觀念，認為勤奮是可以分階段的——在某個特定的階段，確實需要，但當自己的銷售能力和銷售技巧提高了，就可以不用和從前一樣勤奮了。事實上，勤奮應該是貫穿業務員，甚至每個人一生的習慣。如果你抱有勤奮應該分階段的觀念，那麼，一旦你不再勤奮了，你的事業和生活就會開始走下坡。所以，終其一生，我們每個人都應該保持勤奮的習慣。

▣ 做筆記的習慣

做筆記的目的是為了幫助我們記錄整個銷售過程，便於我們在拜訪結束後，對客戶、對銷售進行分析和管理。

比如，你今天拜訪客戶的目的是為了挖掘客戶需求並處理一些反對意見，在這個有限的溝通時間裡，客戶向你傳達的訊息量其實非常多，如果你不記筆記，就很可能會遺漏資訊。而且，你和客戶的溝通通常也是非常縝密、非常有邏輯的，如果這時候你忽略了其中的任何一句話或者任何一個細節，都可能會造成嚴重的影響。

除此之外，做筆記也代表著一種銷售禮儀，是一個加分項。當你在和客戶溝通時，如果你拿出一本筆記本、一支筆，認真的做筆記，你所傳遞的也是對客戶的一種尊重。這個動作，和你什麼都不做所帶給客戶的感覺，是完全不一樣的。

▣ 進步的習慣

每一個大進步，都是由小進步積累而來的；每一個頂尖業務，都是從普通業務慢慢進階而成的。一個業務員養成了持續進步的習慣，那麼，他便會獲得持續的成長，他便具有了成為頂尖業務的潛力。

記得當年在阿里巴巴時，我的一位同事曾對我說：「我感覺你好像始終在變化，一天不見就一個樣，一個月不見就一個大樣。」其實，這都是得益於我有一個督促自己不斷進步的好習慣。直到今天，我對自己的要求仍然是每天都要進步一％。這個進步，可以是心態上的，可以是銷售能力上的，也可以是人際交往上的。總之，我絕不允許自己原地踏步。因為在我看來，原地踏步便是退步。

▣ 失敗的習慣

說到失敗的習慣，許多業務員或許會感覺奇怪：為什麼要養成一種失敗的習慣呢？如果總是失敗，我們的自信心不就被消磨殆盡了嗎？

其實，我這裡所說的失敗，是一種有學問的失敗，是一種人生哲學。它強調的是從內心深處接受自己的失敗，坦然面對自己的失敗，並且不斷從失敗中總結經驗，由此為成功打下堅實的基礎。

在業務這個行業，沒有永遠的常勝將軍，每一個頂尖業務的鍊成，都歷經了千百次的失敗。銷售是一場馬拉松，漫長的時間軸裡，失敗十次、二十次，甚至成百上千次，其實都很正常。真正阻礙我們成功的，其實並不在於失敗這件事本身，而在於我們對待失敗的態度。

在現實的銷售中，許多業務員總是無法接受自己的失敗。當某個月的銷售業績沒有完成時，他們就會變得很頹廢、很沮喪。在這種情緒的支配下，他們下個月的銷售業績就可能會變得更差。如此惡性循環下去，最終等待他們的，便是業績越來越差，甚至被淘汰。

面對失敗，業務員最好的狀態應該是坦然面對，把失敗當作一種習慣和一件正常的事情。當你養成了失敗的習慣，接受了失敗的事實，你才能更加理解它、包容它、改變它，從而屢敗屢戰，在失敗中為自己鋪就一條通往成功的道路。

▣ 傾聽的習慣

對於業務員而言，傾聽也是一種必要並且重要的能力。傾聽的最高境界是無聲銷售，當然，所謂的無聲銷售，並不是指業務員在銷售的過程中不說話，而是指**少說多聽**。

對於銷售，許多人總是存在這樣一種誤解，認為做業務就必須能言善道、口若懸河。事實上，恰恰相反，在真正的銷售中，你說多了，反而會產生負面的作用。

這和射擊其實是一樣的道理，對於射擊來說，快不是最重要的，準才是關鍵。同樣的，對業務員而言，說不是最重要的，聽才是關鍵。前面我已經強調過，在一場銷售當中，業務員的時間分配比例應該是三〇％用來說，七〇％用來聽。

要明白，業務的本質是要賣東西，但這個賣東西的過程並不等同於說的過程，而是一個聽說結合的過程，甚至聽會占據更重要的位置。這是因為，只有你聽多了，才能挖掘客戶的需求，找到客戶的痛點，在此基礎上，再進行組織策略，一擊即中。

▣ 分享的習慣

具備給予的意識，願意去奉獻、去分享，也是業務員必須養成的習慣之一。

從理論上來說，分享是最好的學習方法之一，因為分享是雙向的，當你在分享的時候，其實也在學習。正所謂教學相長，當一個人在給予時，其實他也會獲得一些東西。所以，如果業務員想學到更多的東西，首先要培養的便是分享的習慣。

▣ 成交的習慣

最後我們來聊一聊成交的習慣。所謂成交的習慣，是指當我們在做銷售時，要始終懷揣簽單的目的，要敢於隨時隨地提出成交。

在現實的銷售中，許多業務員到了關鍵的最後一步，總是會恐懼、會退縮，這其實是很正常的。但是，這種恐懼和退縮，也是可以透過訓練去克服的。而這個克服的過程，便是成交習慣的養成過程。

以上為大家總結梳理了業務員必須具備的十大高效習慣。這十大高效習慣，也是普通業務晉級為頂尖業務的階梯。當然，這些高效習慣的養成，都需要我們在實踐中不斷摸索、不斷總結、不斷練習。

國家圖書館出版品預行編目（CIP）資料

銷售冠軍是如何鍊成的：唯一敢和馬雲對賭，阿里巴巴銷售狂人賀學友首度傳授，阿里鐵軍的銷售密技。／賀學友著.
-- 臺北市 : 大是文化，2020.10
256 面；17×23公分. --（Biz；335）
ISBN 978-986-5548-07-0（平裝）

1. 銷售 2. 職場成功法

496.5 109011015

Biz 335

銷售冠軍是如何鍊成的

唯一敢和馬雲對賭，阿里巴巴銷售狂人賀學友首度傳授，阿里鐵軍的銷售密技

作　　者／賀學友
責任編輯／蕭麗娟
校對編輯／陳竑悳
美術編輯／張皓婷
副總編輯／顏惠君
總 編 輯／吳依瑋
發 行 人／徐仲秋
會　　計／許鳳雪、陳嬅娟
版權經理／郝麗珍
行銷企劃／徐千晴、周以婷
業務助理／王德渝
業務專員／馬絮盈、留婉茹
業務經理／林裕安
總 經 理／陳絜吾

出 版 者／大是文化有限公司
臺北市 100 衡陽路 7 號 8 樓
編輯部電話：（02）23757911
購書相關資訊請洽：（02）23757911 分機 122
24 小時讀者服務傳真：（02）23756999
讀者服務 E-mail：haom@ms28.hinet.net
郵政劃撥帳號／ 19983366 戶名／大是文化有限公司

法律顧問／永然聯合法律事務所
香港發行／豐達出版發行有限公司 Rich Publishing & Distribution Ltd
地址：香港柴灣永泰道 70 號柴灣工業城第 2 期 1805 室
Unit 1805,Ph .2,Chai Wan Ind City,70 Wing Tai Rd,Chai Wan,Hong Kong
Tel：2172-6513 Fax：2172-4355
E-mail：cary@subseasy.com.hk

封面設計／ Patrice
內頁排版／ Judy
印　　刷／緯峰印刷股份有限公司
出版日期／ 2020 年 10 月初版
定　　價／新臺幣 360 元（缺頁或裝訂錯誤的書，請寄回更換）
ISBN 978-986-5548-07-0